庭院造园艺术——浙江传统民居

张永玉 著

吉林大学出版社
·长春·

图书在版编目(CIP)数据

庭院造园艺术 ： 浙江传统民居 / 张永玉著. 一 长
春 ： 吉林大学出版社， 2019.12
ISBN 978-7-5692-6119-6

Ⅰ. ①庭… Ⅱ. ①张… Ⅲ. ①民居－建筑艺术－研究
－浙江 Ⅳ. ① TU241.5

中国版本图书馆 CIP 数据核字 (2020) 第 022978 号

书　　名：庭院造园艺术——浙江传统民居
TINGYUAN ZAOYUAN YISHU —— ZHEJIANG CHUANTONG MINJU

作　　者：张永玉　著
策划编辑：邵宇彤
责任编辑：邵宇彤
责任校对：李潇潇
装帧设计：优盛文化
出版发行：吉林大学出版社
社　　址：长春市人民大街 4059 号
邮政编码：130021
发行电话：0431-89580028/29/21
网　　址：http://www.jlup.com.cn
电子邮箱：jdcbs@jlu.edu.cn
印　　刷：三河市华晨印务有限公司
成品尺寸：170mm×240mm　　16 开
印　　张：15.5
字　　数：256 千字
版　　次：2019 年 12 月第 1 版
印　　次：2019 年 12 月第 1 次
书　　号：ISBN 978-7-5692-6119-6
定　　价：59.00 元

绪 论

园林在中国可谓历史悠久，经殷商至清代，从园囿雏形到园林鼎盛期，累积了众多的经典名园，但由于古代建筑以木材为主要材料，难以持久保存，如今我们能够见到较为完好的园林大多是明清时期建造的，因而要想从实物断定庭院的源头及演进过程尤为艰难。值得庆幸的是中国文化几千年来延绵不断，中国汉语同中国文化一样，兼具继承性与积累性，语言的意义也随着历史的发展而发生变化，很多史料、参考资料都把园林修建记录了下来，如《吴兴园圃》《全芳备祖》《云林石谱》《园冶》《闲情偶寄》《黄帝内经》《礼记》等，因此，本书通过对传统建筑庭院相关文字资料的收集和整理，对民居、庭院进行定义和相关概念的界定。

《现代汉语词典》中“庭院”一词是指:“正房前的院子，泛指院子。”[1]也有相关的研究学者认为:“庭院空间是建筑与周边大部分或全部墙、柱、房屋等实体要素围合，顶部开敞的空间。”[2]《中国大百科全书——园林卷》指出:“庭院是指建筑物前后左右或被建筑包围的场地。”

我国历史源远流长，疆土辽阔，具有多种多样的自然环境，社会经济和区域经济环境有着很大的不同。在不间断的历史转变过程中，各地各不相同的民居建筑风格应运而生，这种传统意义上的民居建筑打上了自然环境深刻的印记，生动地说明了人与自然的关系。因此，传统民居不是一个固定的概念。在考察中发现，一个古村落中，有些老房子是多个时期建造的民居，或者经过了多次翻修，其建筑结构也有更换。所以，传统民居的概念在时间、空间和使用功能上都相当宽泛。[3]

浙江传统民居主要是指在浙江省范围内的民居建筑，就是宅居。民居庭院，称为庭院，在浙江的传统民居里，建筑类型也多种多样，但基本的模式都是宅居。本书中所涉及的浙江传统民居和徽州民居也有相近之处，需要说明的是，笔者考察的地区主要集中在浙江中部、东部、南部等区域，以单体的民居为主。

江南园林艺术从古至今一直是中国园林发展史上最为光辉灿烂的篇章，也是各地学习的典范，尤其是私家园林，甚至吸引了皇家园林模仿建造，如颐和园的

---

❶ 骆中钊，杨鑫．住宅庭院景观设计 [M]．北京：化学工业出版社，2011.

❷ 徐苏海．庭院空间的景观设计研究 [D]．南京：南京林业大学，2005.

❸ 熊梅．我国传统民居的研究进展与学科取向 [J]．城市规划，2017(2).

谐趣园等。私家园林存在于官宦的庭院、商贾庭院、文人雅士和普通老百姓庭院。其中江苏私家园林数量最多，保存也较为完整，前庭后院的格局比较明显，各有特色。而在浙江一带，私家园林的建造地以杭州、嘉兴、湖州、宁波等地为主。然而浙江的庭院和苏州的庭院又有较大的不同，比如，在传统民居中，浙江的民居庭院相对较为简单，没有苏州民居的庭院复杂与精致。浙江的传统民居庭院主要有两种类型：一是民居庭院面积较大者，可称为庭园，造园要素齐备，亭台楼阁、小桥流水、花草古木等应有尽有，充满江南园林的意境以及优雅的文化氛围。二是民居庭院面积相对较小者，可以理解为最基本的庭院单元，即堂前为院。此院的造园较为简单，更多地体现传统建筑之美，如砖雕、木雕、彩绘、铺地、漏窗、盆景等要素，这也是和苏州民居最大的区别所在，因为两地所要表达的内容不同。学术界对庭院、庭园的概念争议较多，定义也有所不同。笔者比较认同《中国大百科全书——园林卷》给出的定义："庭院是指建筑物前后左右或被建筑包围的场地。"因此，在前期的资料整理过程中，主要按照这样的标准进行实地考察，对浙江范围内传统民居的庭院进行梳理，内容主要包含比较著名的私家园林，如绮园、胡雪岩故居——芝园、南浔古镇的私家园林；以建筑、木雕出名的民居庭院，如东阳卢宅；普通的民居住宅庭院；等等。通过不同类型的民居庭院，研究不同庭院中的造园艺术，旨在为传统民居的保护、浙江新农村建设、城镇化发展提供参考依据。

整个考察过程可谓非常艰辛，所去之处大部分是农村的民居，山多路陡。许多民居隐藏在村中深处，车辆无法到达。笔者和同行的朋友徒步穿过很多古村，拍摄了大量照片，了解了有关的历史，深感收获颇丰。有时当地的村民很不理解，破旧的房子有什么可看？有拒绝我们进入的，也有不让停车的……好在功夫不负有心人，浙江大多有传统民居的地方基本都留下了我们的足迹，有时感叹民居建筑艺术之美；有时惋惜古建筑的破落、倒塌，无人问津。希望此书出版后可以引起相关部门的重视以及房屋主人的关注，为后代保留重要的文化遗产，让更多的人可以了解传统民居和庭院造园艺术。

张永玉

2019 年 8 月

目　录

第一章 浙江传统民居庭院造园历史脉络与文化内涵

第一节　浙江传统民居庭院造园的历史

一、浙江传统民居庭院造园的起源与发展

庭院是建筑物前后左右或被建筑物（包括亭、台、楼、阁、榭）包围的场地，[1]包括一组民居建筑的所有附属区域、植物、假山等。从字面上看，庭院包含了两个方面的要素：庭和院。庭院，从人自身来说是适合人们居住的一个户外活动的空间，有一定的庇护作用。

“庭院”一词与园林、花园、院落等所表达的含义略有不同。园林是指运用一定的艺术手法和工程技术手段等，通过改造地形（如筑山、叠石、理水等）、种植花木、建造建筑和对园林道路进行重新布置等创造出来美的自然环境和游憩境地。[2]园林的设计与建造重视山水、植物等要素的位置关系，小面积的花园与建筑的衔接，以满足人民的生活需求，即园林景观包含庭院景观。花园，侧重表达建筑，尤其是指私人住宅周边的、有着优美植物景观的人工户外环境。

民居庭院，是中国传统民居的空间类型概念，侧重建筑围合空间，更强调人的使用活动。民居庭院造园艺术是与古代文人诗、画、词、曲等艺术相似的一种审美和建造技巧。中国民居庭院设计的文化动机有两个方面：一方面是隐士文化，另一方面是文人文化，隐士与文人两者之间在某种程度上是互相影响、互相交融的。

在历史上，中国最早的民居庭院是为人民提供饲养家畜和种植蔬菜草药的场所，后来逐渐发展为贵族上流社会和文人知识阶层品味玩赏的场所。中国传统民居庭院景观设计理念被中国哲学以及山水画的内容所影响，形成“绘画乃造园之母”的理论。其中最有代表性的是明朝、清朝时期的浙江传统民居庭院

[1] 百度百科，庭院概念 https://baike.baidu.com/item/%E5%BA%AD%E9%99%A2/181202?fr=aladdin.

[2] 百度百科，园林概念 https://baike.baidu.com/item/%E5%9B%AD%E6%9E%97/328258?fr=aladdin.

造园，该时期的民居庭院景观设计受到文人诗画理论的直接影响，更加注重诗情画意，追求意境创造以及含蓄蕴藉的境界，大多格调高雅、脱俗、清新，注重“虽由人作，宛自天开”的造园艺术境界。

在计成所著《园冶》中“崇尚自然，师法自然”的设计理念的影响下，民居庭院的景观设计将建筑、植物、道路、山石、小品等融于一体，将庭院有限的空间融入无限的自然山水中，用人工技术创造出具有意境的大自然之美，创造出“天人合一”的艺术品。相对于西方庭院花园发展的普及性和延续性，中国的民居庭院设计在明清时期达到高峰后进入了相对停滞的阶段。由于政治动荡，经济衰退，近现代的民国园林和殖民地风格园林乏善可陈。近二十年来，随着现代城市化进程的快速发展以及全球化趋势的推进，东、西方的庭院设计相互渗透，相互影响，在受到西方设计思想的影响后，如今的民居庭院设计更加强调本土特色，民居庭院设计将迎来一个全新的高速发展时期。在传承和发展的浪潮中，民居庭院设计体现出唯理与重情两方面的特质。一方面，现代民居庭院设计更加不拘一格地追求情感的表达，“寄情于山水”，寻找和构建空间的情感与意义，“诗意地栖居”；另一方面，由于工程技术手段的进步，生态与可持续发展、信息化空间、智能设计等对庭院设计提出更复杂的要求以适合现代生活。

高超的造园艺术是中国传统文化艺术的重要组成部分，若要更好地发展与传承民居庭院，首先就要了解它的历史。然而，庭院设计的本质不仅仅是对历史的传承，而是找到最合适、最直接、最经济、最简单的方法来处理人与具体场所的关系，分别处理好功能、空间、比例、尺度、色彩、材料、节点、细部等一系列的问题。简单地说，民居庭院的设计作品要外表好看并且经济适用。因此，以感性冲动为起点，以诉求为终点，以理性和秩序构建为实现过程中的手段是民居庭院造园艺术在当代传承与发展的重要特征。

二、浙江传统民居庭院造园的发展历程

浙江传统民居不同于其他建筑类型，它是由乡民自主建造的，带有明显的自发性，经年累月逐渐形成具有鲜明地域文化特征的群落。据历史文献记载，先秦时期，浙江地区就有苑、囿营造，譬如有春秋时吴国的馆娃宫、姑苏台等的建造记录。民居庭院的园林出现相对较迟，早期记载有西汉张长史的苏州“五

亩园”，东汉末年贪官污吏笮融在苏州建的“笮家园”[1]。到魏晋南北朝时期，我国园林史出现了关键性转折，读书人、士大夫在当时社会环境的影响下思想和审美有了重大变化，以寄情山水、崇尚自然为社会风尚，[2]使园林建造从奢华的物质享受转向对自然山水的享受，中国园林发展的主要轨迹从此确立，而士大夫传统民居庭院园林因逐渐发展出不同于皇家苑囿的艺术特色而独树一帜。自晋朝大家族纷纷南迁以来，浙江地区以其优越的经济文化与自然山水条件，成为这种新的园林思潮与实践的极佳场所。当时，浙江传统民居庭院以会稽（今绍兴）一带居多。

隋唐以后，中国的政治文化中心往北发展，传统民居庭院园林承续六朝旨趣，各地开始大量兴造，尤以洛阳为胜。北魏杨衒之《洛阳伽蓝记》中除佛寺园林外，记载了诸多传统民居庭院园林；[3]唐代东都洛阳的私家园林兴造之风胜于长安，北宋李格非在《洛阳名园记》一书中详细记载了当年造园的盛况，可见当时传统民居庭院园林的兴盛。因此，著名建筑学者汉宝德将南北朝至北宋造园时期称之为“中国园林的洛阳时代”[4]。虽然浙江地区不是当时的造园文化中心，但受文化传播以及社会的影响，造园之风也逐渐兴盛。到了隋唐时期，京杭大运河的开挖使杭州一度成为东南重镇，杭州西湖的美景名满天下，如诗人白居易便在孤山脚下修建“竹阁”一处，文人造园之风开始逐步形成。

五代时期，中原动荡，浙江地区却在吴越、南唐的治理下稳定而繁荣，传统民居庭院园林亦多建设。没有受到战乱的影响，浙江的经济发展一片大好，造园也盛况百出。至宋朝，江南地区成为全国政治、经济、文化的中心，江南的造园艺术受政治的影响远远超出中原的造园体量，在此以后始终是中国传统民居庭院园林建造的最好的地方，并不会再因政治中心地往北迁移而衰落，从而南宋以后也被称为“中国园林的江南时代”[5]。据记载，作为南宋都城的临安（今杭州）有近百处传统民居庭院园林，在数量上超过北宋东京与洛阳。西湖周

[1] 同治《苏州府志》记载：“笮家园，在保吉利桥南。古名笮里，吴大夫笮融所居。”

[2] 邱佳敏 . 从中国古典园林看“文人”对中国建筑营造之影响 [J]. 价值工程，2015, 34(08):182-183.

[3] 马娜 . 从《洛阳伽蓝记》论北魏洛阳城市佛寺园林 [J]. 华中建筑 ,2006(11):172-173,182.

[4] 洛阳名园与北宋政局——读《洛阳名园记》札记 http://www.iase.ecnu.edu.cn/75/72/c12930a161138/page.htm.

[5] 顾凯 . 江南私家园林 [M]. 北京：清华大学出版社，2016：5.

边最为集中，著名的有韩侂胄的“南园”、贾似道的“水乐洞园”“水竹院落”“后乐园”等。[1]还有一个私家园林比较集中的地方就是吴兴（现湖州），靠近太湖。周密的《吴兴园林记》有专门记载，他亲临大山脚下游历的就有三十六处，以南、北沈尚书园、俞氏园、赵氏菊坡园、叶氏石林等最有代表性，各具特色。

元代，士大夫文化受到沉重压制，传统民居庭院园林营造较之宋代盛况，总体而言严重衰退。在全国大部分地区经济萧条的情况下，江南地区经济受到的影响甚微。尤其在元末，其他各地饱受战乱之苦，浙江地区却相对安宁，各种经济、文化、资源都集中在这里，造园活动非常兴盛。明代初期，因朱元璋的禁园政策及对江南地区的刻意打压，浙江传统民居庭院造园活动一度陷入低迷。明朝中期以后，社会经济繁荣，[2]发展迅速，社会风气也发生了很大的变化，奢靡之风渐起，浙江园林又恢复繁荣，出现了许多规模庞大、景致丰富、营造细致、影响深远的园林。江南建于此时且遗址留存至今的有嘉定秋霞圃（当时名“龚氏园”）。明中后期，张居正等大臣推动实行新政，使大明经济空前繁荣，整个社会、经济、文化等方面都有了很大的变化和进步。浙江地区往往开风气之先，有着不可忽视的地位，园林方面更进入一个空前的鼎盛时期，造园更加普及，数量日益增多，造园质量也愈发提高，其中公认的园林代表是绍兴祁彪佳的“寓园”（见图 1-1）。晚明浙江传统民居庭院造园不但颜色多样，而且在观赏形式和营造技巧上也发生了深刻的变化。造园的“画意”规范得以创立，园林取得本身独立的样式审美价值，史无前例地造就了大量丰富、风景精致的名园；园林营造技法在叠山、理水、花木盆景、园林建筑等各个方面都发生了深刻变革，如叠山与石峰慢慢脱离，方池理水衰落，花木也产生鉴赏新意，建筑作用更是大大加强，尤以廊的大量运用而使园林建造艺术效果发生巨大的改变。

---

[1] 江南地区的私人园林 https://baijiahao.baidu.com/s?id=1629573381167777001&wfr=spider&for=pc.

[2] 同治《苏州府志》记载：“笮家园，在保吉利桥南。古名笮里，吴大夫笮融所居。”

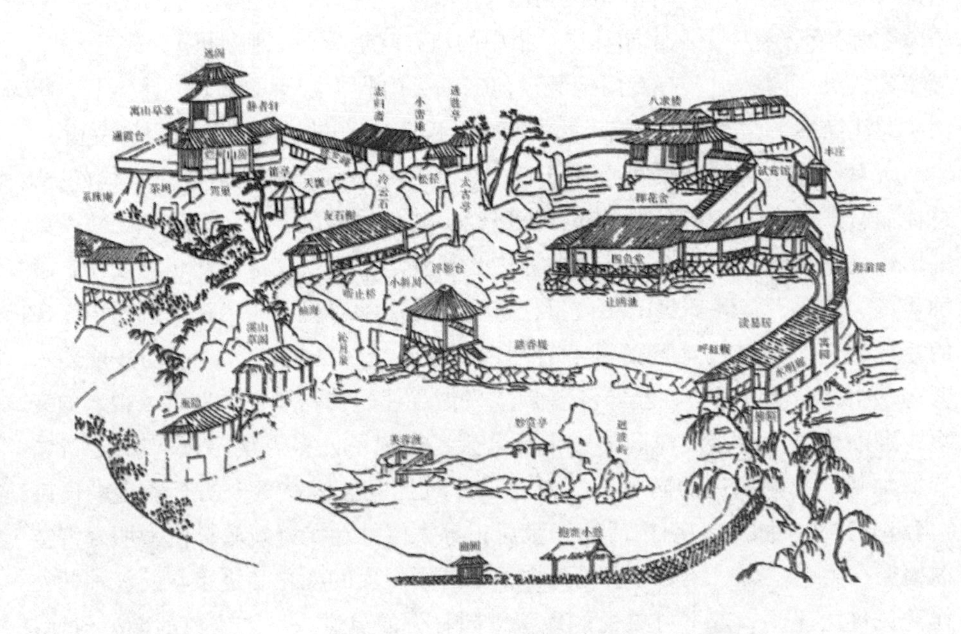

图 1-1　绍兴寓园❶

到了清代，传统民居庭院造园风格大致延续了晚明的园林特色。虽然在清朝初年遭受了朝代更替、社会动荡，但是园林文化依然存在，尤其晚明遗民们隐居园林之中、寄情山水之间，将园林、山水作为精神寄托。例如，浙江宁波范氏的“天一阁”，其造园立意、设计手法都体现了晚明造园思想。进入清朝后期，国家经济衰退，浙江地区造园盛况已逐渐减退。尤其是太平天国时期，战乱导致江南园林遭到毁灭性的破坏，浙江很多名园从此不再存于世上。现在所见到的私家园林虽有早期修建的，但基本上都是后期重修的，因当时的造园师都是根据当时的建造工艺、审美需求等修建的，所以基本上都有清代的影子。在同治、光绪年间，也有部分新园建造，保留较为完好的如杭州郭庄、海盐绮园、南浔小莲庄等。后期修建的私家园林中都有晚清的特点，园林建筑较多，也掺杂一些西方的特点。

---

❶ 郭彦努 . 从祁彪佳与寓园的关系看晚明张氏造园风格对越地的影响 [J]. 浙江建筑，2019,36(04):15–18.

清代的北方皇家园林金碧辉煌，空前兴盛，成为造园史上的一大特色。但在造园旨趣、手法上，仍然以江浙一带传统民居庭院的园林设计风格为主，甚至模仿江南园林进行修建，可见江浙造园的影响甚广。康熙、乾隆皇帝六下江南期间，因喜爱江南园林，每次都巡幸江南园林，乾隆帝尤其喜爱江浙园林，令随行画师进行手绘，回京后令造园师仿造于御苑，如圆明园中就有对海宁安澜园（见图 1–2）、杭州小有天园的仿建，颐和园的谐趣园对无锡寄畅园的仿建，等等。由此可见，清代御苑作为中国古代园林之所以能取得如此重要的艺术成就，与其对浙江传统民居中庭院园林的借鉴是分不开的。

图 1-2　海宁安澜园复原图（来自网络）

第二节　浙江传统民居庭院造园的文化

一、浙江传统民居庭院造园隐含的文化意识

浙江传统民居庭院造园以其独特的艺术魅力感染天下，[1]是中国古代造园艺

[1] 赵坤．传统民居庭院空间的比较研究 [D]. 东北林业大学，2006.

术的超卓造诣的体现，最能呈现出中国古代造园艺术非凡的特色。

在中国古代哲学的历史发展进程中，儒家思想、道家思想均对中国大众的人生观、价值观起到一定的促进作用。在浙江文人墨客的庭院造园行动中，“修身、齐家、治国、平天下”的儒家思想深深地烙在文人心中，更直接地展现在他们所造的庭院园林景观中。道家思想的代表人物众多，较为著名的有老子、庄子、慎到、杨朱等人，道家思想对中国文化产生了很大的影响，它的核心理念是“道、无为、自然、天性”[1]。道家哲学逐渐摆脱了儒家伦理的约束，思想愈发解放，因而更偏重于探究天道与人性的根源。魏晋南北朝时期的政治极其纷乱，在朝为官的文人士大夫们人人自危却又无可奈何，这使浙江的文人士大夫们在自然园林山水中找寻精神慰藉，探索属于自己的精神世界，山水成为士大夫们的依赖对象，引出对山水自然的追求，产生了具有独立意义的山水审美观，这种审美观的形成影响了后人造园的手法与技巧。道家思想对于浙江传统民居庭院造园的影响深远而特殊，它不仅仅是古典园林造园艺术的指导思想，更对其设计手法产生了深远影响。道家学说的核心哲学观是“道法自然”，它着眼于“道”与“自然”的联系，强调自然界的崇高地位。[2]而文人造园，其庭院的整体布局都是自然式的，其造园的设计原则是植物栽植搭配组合、山石的摆放遵循自然规律。庭院中的建筑通常依山水走势而建，寻求与自然的和谐统一，这即是“道法自然”思想影响的结果。

在中国传统思想的影响下，浙江传统民居庭院造园具有典型的浙江传统园林的特征，追求“道法自然”，追求“人”与“自然”和谐相处，强调空间组织，注重法无定式。首先是庭院造园的营建方式按照原有现状进行选择，如建造中受到场地限制，则加以调整以满足设计要求。其次是空间意境的表达，传统园林讲究含蓄委婉，这种含蓄委婉总是通过组织空间和营造空间表达，[3]利用造园要素进行围合或者分隔空间，比如虚实的空间营造让人对景观产生联想，产生意犹未尽之感。最后是空间变化的多样性，通过空间的对比和空间的延伸来实现，形成多层次、多样性的空间效果。只有不断追求景观空间变化的多样性，

---

❶ 梅珍生．道家政治哲学研究 [M]. 中国社会科学出版社，2010.

❷ 胡碧琳，赵军．景由人作 境自心开——浅谈中国园林景观中的人与自然 [J]. 建筑与文化，2010(11):94-95.

❸ 蒋丽霞，李胜．江南现代庭院空间营造探索 ——记浙江融圃 [J]. 建筑与文化，2017(12):135-136.

才能打造“庭院虽小，五脏俱全”的理想观赏效果。

浙江传统民居庭院园林是以文人园林的特性著称的，利用造园要素这个载体传承中国的历史文化，一竹、一石都展现出深厚的文化底蕴，这样的文化要素在园林中处处可见，游览古典园林就如同进入一个中华文化博物馆。这种高深的文化感主要体现在古典园林的文字品题中，如园名、景名、匾额、楹联、石刻等，不仅体现了传统的诗词、对联、书法、篆刻等文化艺术，还蕴含着主人造园的意境，表达出主人的理想抱负，也强化了庭院中的诗情画意，提升了园林的景观境界。园林文字品题可以抒发园主人的文心修养与精神寄托。一方面，庭院或者某个景物的命名揭示了造园主人的寄托所在，一些对联中表达出的哲学思想、历史典故也往往意义深刻、值得深思。另一方面，文字品题的使用还对园景欣赏有提示与点题的作用，尤其是对平日难以见到的园林景观，因其文学性使景致营造更加耐人寻味，如花木的季节性欣赏、声景之赏、假山之韵等。

二、浙江传统民居庭院造园隐含的情感意识

美国心理学家唐纳德·诺曼（Donald A. Norman）提出“情感设计”的概念，该理论提倡一种依靠特定物质载体以丰富主体内心深处的感受、情感需求的满足为目标的设计方法。该理论虽然是近现代才提出的，但是在浙江传统民居庭院设计中，早已被广泛应用。

人们表达情感的手法多种多样，在庭院面积不大、庭院空间尺度相对较小、景物与人的观赏距离近的情况下，庭院的处理对造园师的要求很高。景观细节处理会决定整体效果和氛围，一棵树、几块石头、一个小品就能改变整个庭院的格局。在浙江传统民居庭院中，园主人善于运用象征、联想等手法，用山水、匾联、字画等陈设品来点题，寄托主人的情感，赋予庭院一种浓厚的感情色彩。

“山水”是中国古典传统文化艺术中的亮点，六朝以来，在诗文、绘画中都有山水的展现，而最为突出地展现山水的载体则是园林。“山水园”是中国古典私家园林的典型园林，有别于世界其他国家文化中以规则式植物作为园林主题，中国古典园林自六朝以后，就以“山水”为核心构建造园要素。而浙江传统民居庭院中，南方的水资源丰富，更突出地体现了对山水境界的追求。中国园林中对山水的模仿可以追溯到先秦，如先秦早期的“为山九仞”、汉代的“一池三山”“十里九坂”等，都主要是以大规模土山堆叠的方式模仿真山，是挖池堆山

的典范。在浙江传统民居庭院中，山景常作为庭院主景来营造，使景观更有表现力。晚明以来，山水画已成为江南庭院景观的营造标准，使山景成为园中主景，寄托园主人对中国山水画的情感。早期的太湖石假山与石峰欣赏密切相关，“峰”象征自然山峰，同时太湖石峰具有“瘦”“皱”“漏”“透”等特点，具有象形的意境，这种假山石峰的具象观赏效果在唐代白居易的《太湖石记》中可明显看到，例如现存狮子林的假山、宁波天一阁庭院的假山等。但山石峰的欣赏自晚明开始逐渐消退，以仿照自然真山境界的叠山为主流，而峰石常做孤置山石处理。

水景的欣赏在浙江传统民居庭院造园中必不可少。在庭院的建造中，庭院的中心建造水池，围绕水池组织景观，利用造园手法实施对景、隔景、框景等，形成各种空间。如在厅堂对面可以设置假山等形成对景之妙。水景在创建年代较早的庭院中随处可见，如秋霞圃、宁波天一阁等。

浙江传统民居庭院造园设计从人对空间的真实感受出发，将情感作为设计要素，把情感因素作为总体设计和各景观元素摆设的内在逻辑线，并融合到全部庭院的前期考察、设计、建造中，营造出一个可以激发、承载和调和人、情感的栖身环境，使空间充满丰富的情感信息，以使人在庭院中的生活变得丰富美好，充满生机，达到真正的“以人为本”的目的。[1]

---

[1] 黄卓军 . 人文元素在建筑设计中的应用分析 [J]. 建筑设计管理 ,2011,28(11):47-49.

第二章　浙江传统民居庭院造园的空间分析

第一节　浙江传统民居庭院空间构成分析

一、空间类型分析[1]

浙江自古以来就是中国的鱼米之乡、战略要地，文人辈出，历史文化积淀深厚。据历史记载，公元221年，秦始皇统一六国后，浙江的北部、宁绍平原、金衢盆地等地经济得到长足发展。到唐代中期，北方战事频发，而南方的金衢盆地以及浙南山区受到的影响不大，经济发展较快。北宋末年，政治混乱，靖康之难后宋朝南迁，定都现在的杭州，使得南北方文化实现大融合，整个浙江地区经济、文化得到长足发展，形成特有的浙江地域文化，在古建筑营造方面也取得了较大的进步。传统民居因经济发展和文化传播，也在不同地区形成各自的特色，按照形式主要有三种类型：以绍兴为代表的宁绍平原民居、以东阳和兰溪为代表的金衢盆地民居、以丽水和天台为代表的浙南山区民居。由于浙北是以杭州为中心的，很多的名人志士生活在这里，民居的特点也很突出。现场调研考察发现，浙中盆地民居最为典型的是以东阳的十三间头为代表的三合院民居；浙江南部山区民居主要以三合院、四合院为基本的建筑单元，根据院落的形式在纵横方向上拼接组合，形成封闭性古民居院落以及尺度较小的采光天井；在浙北平原杭州的民居多以三合院和四合院为主，有纵横向的拼接，院落封闭，私家庭院内容丰富，外形多采用白墙、灰瓦，四周围墙，整体庄重雅致。

浙江现存的传统古民居形式多以三合院和四合院的中、大型民居为主要类型，[2]每个地区都有比较固定的空间布局。在古民居庭院中，根据大小和空间可以分为几种类型：井景、庭景、院景、园景。[3]

---

❶ 关玉凤．徽州古民居宅园景观特征研究[D].南京：南京林业大学,2014.

❷ 中国传统明清民居类型 https://wenku.baidu.com/view/4adf238c680203d8ce2f2438.html.

❸ 关玉凤．徽州古民居宅园景观特征研究[D].南京：南京林业大学,2014.

（一）井　景

在浙江传统民居中，天井空间所构成的景观称为“井景”。大多数民居布局方正规整，由厅堂、天井构成虚实、明暗结合的空间，厅堂为实，天井为虚。天井也是古民居中的庭院要素，[1]一般位于建筑厅堂前面，形状多为长方形，大小根据开间而定，主要满足采光、通风、排水的要求，也是“天人合一”理念的体现。天井作为建筑的一个空间，面积相对较小，在景观营造上无法进行大体量的布置，常在天井院内布置小型假山或置石、水缸、盆景等。有的在粉墙上设有漏窗（见图 2-1），形成漏景。也有在民居侧面的天井，紧靠围墙，尺度较小，形成露天的空间，主要是起到通风采光的作用，造园要素相对体现不多。

图 2-1　太仓古镇民宅天井

[1] 中国传统民居中的天井与院落关系之初探 https://wenku.baidu.com/view/0dddc3af6f1aff00bfd51e46.html.

（二）庭　景

庭在建筑结构上一般从属于厅堂，位于厅堂之前，由厅堂建筑、景墙、游廊等环绕而成，可布置铺装、花木、假山等造园要素，基于位置的考虑，一般没有水池。根据庭与建筑的前后关系，庭又可以分为前庭、后庭和侧庭（见图2-2）。

图2-2　兰溪吉庆堂

（三）院　景

和庭相比，院则比较大，院景具备造园要素更多，可以处理的范围更广，在院内不仅可以种植奇花异草，还可以进行挖池堆山，院景的实用性、功能性、综合性更强。例如，杭州胡雪岩故居——芝园（见图2-3）、海盐绮园、湖州小莲庄等。

图 2-3　胡雪岩故居——芝园

（四）园　景

如果院落进一步扩大，独立性相对增强，不再是建筑的简单附属，园便应运而生。园景的构景要素可以依据地形起伏、园主人要求等进行设计，可以有大型假山、水池等，但在民居庭院中，能达到这个标准的少之又少，一般在少数的大中型宅院中才有，如海盐绮园、绍兴沈园（见图 2-4）等。

图 2-4　绍兴沈园

二、空间要素及构图分析

浙江传统民居庭院造园的构景要素主要有假山、理水、花木和园林建筑等。根据庭院的面积大小不同，所利用的造景元素又有所不同，若是大型庭院，一般会有铺装、水池、种植池、假山置石、植物等；若是小型的庭院，则以孤植或对植树木为主，加以铺装；若是天井庭院，则多是盆景、置石等的摆放。

从构图上分析，浙江传统民居庭院一般较为方正，[1]即使有庭院呈不规则形，但在平面布局上也基本是中轴对称的布局（见图 2-5[2]）。

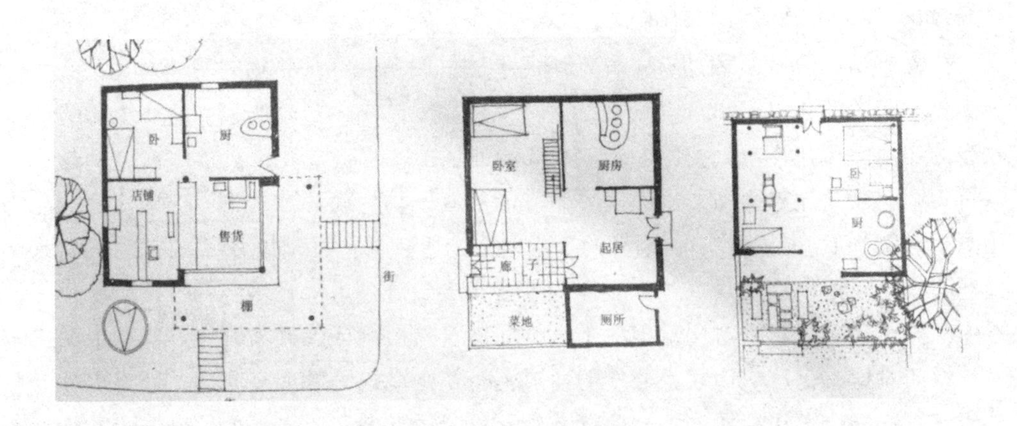

图 2-5　浙江传统民居平面图

三、空间明暗对比及流线分析

（一）庭院空间明暗对比分析

园林建筑的空间形状对比主要有两个方面：一方面是单体园林建筑的形状对比，另一方面是利用建筑围合的庭院空间的形状对比。单体园林建筑的形状对比主要体现在建筑的平面、立面形式的不同。在设计时可以利用几何图形的不同，如方、圆等空间形状上互相对立的要素，还有地势的高低与平直等，进行构图以取得变化并突出重点。一般来说，规矩方正的庭院给人一种庄严的感觉；而比较自然的样式或者相对自由的形式如三角形、多边形、自然弧线等的组合就比较容易形成较为活泼的气氛。严格对称的空间一般在皇家园林中较多，而浙江传统民居中的庭院基本以非对称布局为主，打造一种宜居、轻松、活泼的生活感受。

---

❶ 赵坤．传统民居庭院空间的比较研究 [D]. 哈尔滨：东北林业大学 ,2006.

❷ 丁俊清，杨新平．浙江民居 [M]. 北京：中国建筑工业出版社，2018: 101.

建筑的空间是庄严肃穆还是活泼自由，主要取决于园主人对建筑功能和文化艺术的需要和追求。在私家庭院中，居住空间多为规则、方正的形式，庭院游玩的空间多为自然式，从居住空间转入游憩空间，由形式的变化而产生情趣的变化，形成一张一弛的心理感受。

在塑造园林景观中还有一种常用的手法，就是利用构筑物的明暗对比关系优化空间的变化以突出重点景观，这种现象在庭院当中更加明显。由于太阳光线的照射（见图 2-6），建筑内、外部空间存在着明暗差异，建筑室内空间越封闭则明暗对比越强烈，也就是因为光的照度不均匀而导致的不同空间之间的明暗对比关系。在庭院中，围合的厅堂一般光线较暗，而天井为明，以暗托明，把明的空间作为庭院景观艺术表现的重点或者景观焦点。在传统的古典园林当中，掇山是形成明暗对比常用的手法，利用自然山洞或者人为洞穴可以造成明暗空间对比，也可作为联系建筑的通道，衬托山洞以外的明亮空间，通过内外明暗对比，让人在视觉上、心理上产生一种奇妙的艺术感受。如位于杭州元宝街的胡雪岩故居芝园中的假山，是目前最大的人工溶洞，可以通往山上的御风楼，山洞相连，明暗对比强烈，出洞之后豁然开朗，具有很好的明暗对比意境（见图 2-7）。

图 2-6　绍兴某民居

图 2-7　芝园假山

（二）流线分析

老子《道德经》第十一章中有一句话："埏埴以为器，当其无，有器之用。凿户牖以为室，当其无，有室之用。故有之以为利，无之以为用。"[1]这句话的意思是说人们造房子、立围墙、盖屋顶，最有用的部分是空间。建筑界经常引用这句话来说明空间的重要性。

古代造房子必有其目的和使用要求，在建筑专业术语中称之为建筑功能。从古至今，在建筑设计的发展过程中，功能的变化和发展都是一种活跃因素，也带有一定的自发性，在建筑设计中占据主导地位，但是功能与空间之间也存

[1] 孔德．《道德经》真意（九）[J]．武当，2012(1):51-52.

在矛盾，如何将对立与矛盾进行统一，是建筑设计的发展动力和方向。[1]在建筑中，功能是其中的一个主导内容，对空间的发展有一定的推动作用，但也有一定的反作用，因此，一种新的空间出现，必然会使功能朝着更高的高度、更新的方向发展。

在建筑空间与功能基本满足人们的需求之后，设计师就要进行建筑的外观造型等美观度方面的考量，[2]这在民居中也尤为重要，因为好的外观可以带给人们美好的精神享受。

建筑功能、空间划分等还受到建筑流线的制约，因为建筑流线将会影响到建筑的使用。建筑流线组织形式主要有以下几个方面。

1. 水平方向的组织

就是在规划设计时把不同的流线组织在同一平面的不同区域，称为建筑的水平功能分区。比如东阳卢宅前后左右水平路线的组织，可以分开进进出出的人流，这样的组织避免了出入时人流造成拥堵的现象。

2. 垂直方向的组织

在古民居中建筑的形式多为两层，很少出现高层，垂直方式的组织主要是把不同的流线组织在不同的层，把流线分开，分工明确。垂直方向的流线组织因为增加了垂直交通，可以简化平面。比如胡雪岩故居芝园的假山上的御风楼，可以沿廊往上（见图 2-8），也可以从山洞往上，垂直线路与水平线路互不影响，很大程度上解决了人流多的问题。

---

❶ 司艳华．植物景观在办公空间的设计艺术研究 [D]. 青岛：青岛理工大学 ,2016.

❷ 鲁晟男．现代建筑造型设计的影响因素探析 [J]. 居业 ,2016(4):50.

图 2-8　芝园 爬廊

3. 流线组织方式的选择

一般情况下要根据建筑的规模大小和地形条件来决定，更多地考虑园主人的构思。如果是一般的民居、普通的庭院，在水平方向组织即可；如果是大型的宅院，功能要求比较复杂，可以考虑垂直流线组织或者两者相结合的形式，如卢宅、胡雪岩故居、小莲庄等。

四、空间开合及视线渗透分析

浙江传统民居庭院的空间相对比较简单，整体空间往往以开为主，收缩空间采用门、廊等形式。在视线渗透方面，浙江传统民居庭院中相邻的空间常常通过漏窗、景门等来分隔，一方面具有引导游人、指引路线的功能，另一方面还能产生景深的效果，进一步丰富庭院的景观层次。[1]建筑与庭院之间的视线渗透面宽一般不大，建筑室内通过门、窗与室外空间形成对景（见图 2-9）。

图 2-9　芝园 景门

❶ 严军，张瑞，关玉凤．徽州古民居宅园空间特征及类型分析 [J]. 建筑与文化 ,2015(04):91-94.

第二节　浙江传统民居庭院造园空间体系分析

一、浙江传统民居庭院造园立面分析

浙江传统民居的庭院景观立面主要包括庭院空间围合要素和非围合要素的立面。[1]庭院空间的围合要素主要是围墙、柱、民居单体建筑和建筑群，[2]非围合要素主要由庭院造园要素组成，有植物或植物组合的立面、假山的立面、水系驳岸的立面等，这些要素构成庭院景观造园的立面。庭院空间围合要素和非围合要素的虚实对比、色彩对比、韵律对比等是塑造立面效果的重要依据。根据庭院的布置方式不同，可以分为组合式、通透式、递减式、混合式及其他方式的立面构建。

（一）组合式

在传统民居庭院中，常见的立面构成元素主要有假山、水池、植物等。为了丰富空间效果，在民居中常利用地形的起伏变化，叠山、修建水池、种植植物等来组合空间，使庭院具有更多的使用功能，增添庭院场地的活力，进一步丰富空间层次，给庭院主人或者游览者带来不同的活动感受。

如杭州胡雪岩故居芝园的假山、水池、建筑、植物的多重组合，立面效果具有空间的变化、色彩的变化、虚实的变化等，在游览中可以置身不同的空间，体验不同场景的景观效果（见图 2-10）。

杭州西湖郭庄（又名汾阳别墅），位于杨公堤 28 号。从正门进入郭庄，首先映入眼帘的是“静必居”，之后沿着游览路线进入“一镜天开”。它是典型的前宅后园的形式，是明显具有浙江传统民居特色的四合院，左右厢房和后堂构成一个庭院，院中石板铺地，中间是一个长方形水池，院子角落种有桂花，静水、绿树构成一个很安静的小院落。园中的长廊、假山、水池、小桥形成了一幅精致的景象，在高低错落间，尽显江南园林造园艺术之美（见图 2-11）。

---

❶ 赵坤．传统民居庭院空间的比较研究 [D]. 哈尔滨：东北林业大学 ,2006.

❷ 王小军．四川民居庭院空间的构成要素及意境营造 [J]. 文艺争鸣 ,2011(08):116-118.

图 2-10　芝园景观

图 2-11　郭庄

（二）通透式

庭院的立面空间利用柱廊、漏窗、门洞等形式，结合材料的虚实变化，营造出不同的空间效果，如木雕花窗、石材花窗等，经过通透式处理，可以使人在游赏的同时感受到空间的深远，又可借景，增添院内景色，加强景深。

如杭州西湖郭庄的景墙上的方形漏窗、花瓣形漏窗等（见图 2-12、图 2-13），以及胡雪岩故居芝园的木雕漏窗（见图 2-14、图 2-15）。

图 2-12　郭庄漏窗

图 2-13　郭庄漏窗

图 2-14　芝园木雕漏窗

图 2-15　芝园木雕漏窗

（三）递减式

将组成庭院空间景观的元素按照前后左右空间形态[1]或者上下空间形态等设置，依次变化空间节奏，运用由强到弱或由大到小的艺术处理手法，在庭院中利用假山蹬道、踏步、山地造型，与建筑结合，采用上述处理方式，使庭院空间元素生动形象，层次分明，能与建筑的立面和庭院纵深景观布置较好地融合在一起，形成台阶、坡道、树池、花池、水池、假山、植物等有机结合，立面互补，节奏变化的空间景色。如绍兴沈园的三个院落都属于园林院落，它们是自然式布局，立面上对水体、建筑、山体及植被（花木）进行了合理的配置，挖池堆山，栽松植竹，临池造轩，形成满地绿荫、古朴优雅的园林景观。其中园林要素的完美结合，各造园要素的衔接、变化无不体现立面空间的变化，从而

[1] 姚彬．关于庭院空间景观设计的研究分析 [D]. 浙江大学 ,2013.

营造出咫尺山林的意境，突出了庭院的主题氛围，[1]如沈园鸟瞰图（见图 2–16[2]）。

图 2–16　沈园鸟瞰图

（四）混合式

立面混合型处理方式也是浙江传统民居庭院立体空间中经常使用的一种形式，立面空间通过错落、散点分布、曲折等形成一定的立面空间，该空间可以是开放式的，也可以是封闭式的。形成元素主要有水体、植物、道路铺装等，在垂直立面中根据不同的元素尺度、形态组合成丰富的界面形态。在庭院中营造曲径通幽、庭院深深的氛围，巧妙组织、构建大小空间，产生互相对比的造园艺术效果，再加以造园手法如借景、对景等来展现咫尺空间的无限艺术空间。如海盐绮园的立面空间布局，有别于一般的私家庭院造园，除了建筑外，全部采用山水布局，形成了“水随山转，山因水活”的园林景观。园中有大面积的

---

❶ 江俊美，丁少平．钟灵毓秀，越中奇葩——沈园的造园特色分析 [J]．福建建设科技，2008(2):18–21.

❷ 顾凯．江南私家园林 [M]．北京：清华大学出版社，2013:290.

水域，有聚有散，以聚为主，假山前后与丘壑形成不同的空间，有“横看成岭侧成峰”的诗境。

（五）简易式

在传统民居中，有的庭院结构简单，没有过多的造园要素，仅有围墙、建筑的围合，庭院在立面结构上可以看到的有白墙、青瓦以及壁画，还有建筑的柱、廊等结构，这些一起形成了普通的立面体系，但也同样具有一定的艺术底蕴。这些民居在增添立面的艺术价值方面起到不可低估的作用，[1]如浙江东阳卢宅、东阳虎鹿蔡宅等。

二、浙江传统民居庭院平面布局分析

浙江传统民居庭院平面布局多呈长方形，如胡雪岩故居、杭州郭庄（见图2-17[2]）等。长方形边线明确，容易定位，可以满足当时等级方位的需求，方向性比较强，建筑结构整体布局庄严、层次分明，给人以完整感，这也是受古代封建帝王的权利等级意识影响的，在建筑、庭院的建造中，均有体现。

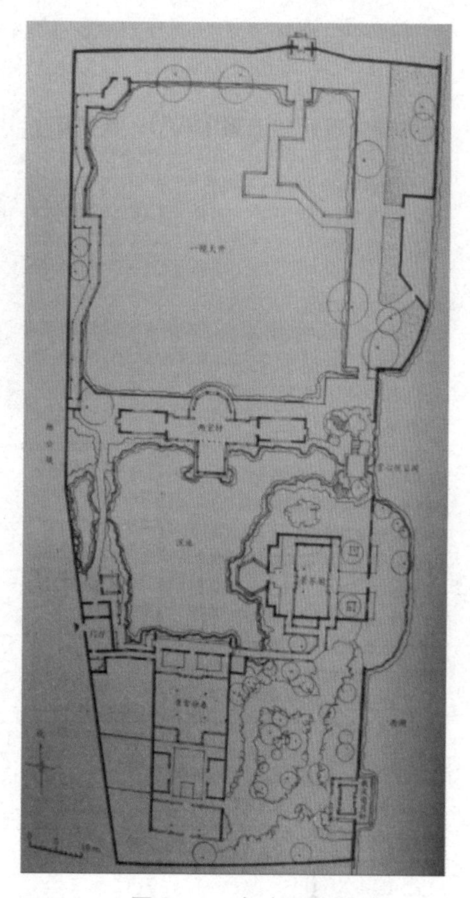

图 2-17　郭庄平面图

❶ 石华 . 高层建筑立面中的地域性表达 [J]. 中外建筑，2013(4):37-38.

❷ 顾凯 . 江南私家园林 [M]. 北京：清华大学出版社，2016.

三、浙江传统民居庭院造园顶面分析

浙江传统民居庭院属于厅井式庭院空间，在浙江传统民居中，对天井空间的利用很有特点，天井庭院形成的因素有很多，通过实地考察和查阅资料发现，天井是居民根据当地的气候设置的，因为浙江夏季炎热，潮湿多雨，天井的存在可以有效地调节温度。天井空间是建筑的角落，是规模比较小的露天空间，利用墙、围廊进行围合，主要作用是通风采光，这样的天井也被认为是极微型的庭院。

在古民居中，顶面体系基本为长方形，天井在庭院中不同的位置使整个庭院的顶面布局产生变化。根据与厅堂的位置关系，天井可以分为以下几种类型[1]（见图 2-18）。

图 2-18　天井位置图

[1] 甘兴义．徽州传统民居天井文化的研究与探析 [J]．九江学院学报（哲学社会科学版），2011(4):75–78，82.

第三章 浙江传统民居庭院造园要素分析

第一节　理　水

一、历史概况

先秦时期，周文王建造了灵沼、灵台。灵沼即水池，灵台是用土堆成的台，这也是后世中国挖池堆山的前身。在水池中可以养鱼观赏，还可以浇灌植物。春秋战国时期，皇家贵族修建的离宫别苑、楚国建的章华台等是最具有代表性的园子，园中挖湖堆山，三面环水，山环水抱，这是最早的理水形态，也是山水园林的雏形。到秦汉时期，秦始皇为追求长生不老，模仿东海修建一池三山，这也是挖池堆山的第一次出现，可以说是中国筑山理水的先河，一直影响着后期园林理水的发展方向。魏晋南北朝时期，国家动荡，士大夫无心从政，追求隐居的生活，寄情于自然山水，自然之美成为园林展现的重要方面。[1]由以前的对山与水的简单模仿到对自然山水的提炼，形成了一定的意境，具有独特的园林水景。[2]

隋唐宋时期，中国古典园林进入发展的成熟期，文人士贾都开始建造园林，此时园林的水景面积已经比较大，而且还引入了活水，水景的形式多种多样，如池、潭、溪涧、瀑布等，具有代表性的有隋朝的西苑和唐朝的华清宫。[3]宋代时期，写意山水园林得到长足发展，西湖就是很好的例子。明清时期是中国古典园林的鼎盛时期，理水手法已经基本定型，水景的营造成为园林的造景重点，已经有了皇家园林和私家园林。比较典型的有圆明园、颐和园、拙政园等著名园林，其中的理水手法已经达到“虽由人作，宛自天开”的境界。

---

❶ 郭蕾．浅议中国古典园林理水艺术与手法 [J]．河南林业科技，2018, 38(03):52-54.

❷ 路翰鹏．中国古典园林的“意境”追求对现代园林的影响 [D]．哈尔滨：东北师范大学，2010.

❸ 章采烈．论中国园林的理水艺术 [J]．上海大学学报（社会科学版），1991(4):20-25.

二、特色分析

中国传统园林，以“山水景观”为主要特征，水作为园林建设的要素之一，备受园主人或者造园师们的青睐，他们始终将水作为园林的“灵魂”。中国传统园林注重“意在笔先，心中有境”，注重水的艺术，园林应该是“自然的”，但它不是对自然景观的模仿，而是从自然水景中提炼出来的巧妙构思。园林设计中既体现了山水艺术，也满足了使用的需要。古典园林中的水景类型主要包括湖泊、池塘、河流、溪流、泉水和瀑布等。

（一）理水的意境

古代文人热衷于造园，以便寄情于山水之中，因此园林的主题更多地与文化有关。现代建筑园林专家陈从周曾说过：“中国园林应该说是‘文人园’，其主导思想是文人思想，或者说士大夫思想，因为士大夫也属文人。其表现特征就是诗情画意，所追求的是避去烦嚣，寄情山水”。水是无私的，人们靠水生活，人和动物都可以饮用，有水才会有生命，水是生命的起源，水又是深不可测的，按照原有地形曲折流动，可以帮助人们洗去污秽和其他，所以古人认为水具有“德、仁、义、勇、善”等含义，园林师总是能看到自然山水的景观，并对其进行提炼和升华，将各种形式的水景引入私人花园，让人们在自己的庭院中体验“壶中天地”，感受大自然的风景，将自己的理想抱负寄托于山水之间，让精神有更深的境界。与此同时，由于朝廷的动荡不安，仕宦文人无法施展才华，所以将目光转向了自然景观，把内心的想法通过景观表达出来。意境通过心理暗示表达人与美的联系，是一种情景交融的审美艺术境界。理水的意境蕴含了园主人的高尚品格、态度、思想和情感。因此，理水的意境深刻，不仅仅限于个别的审美形象。

（二）理水的手法

古代人造园有着“师法自然，崇尚自然”的理念，特别是在建造私人庭院时，园主人会根据现状分析现场的地形情况，根据地形进行挖湖堆山和假山石堆叠，塑造“虽由人作，宛若天开”的自然景观。就古典园林中水景的设计方法而言，它可以分为三个主要元素：形状、声音和颜色。

首先，在古代私人园林中，理水非常重视“意境”与“形态”的结合。从形状来看，水体分为点状水体、线状水体、面状水体；从流动性来看，有静水和动水之分；从整体布局来看，有集中的水体和分散的水体。

其次，古典私人园林中的水景营造还常常考虑声音元素，利用听觉的变化来创造水的意境。在水系统中，通过激水石、分水石、水坝和其他形式让水在流动时与岩石碰撞，发出各种美妙的声音，为观赏者增添了许多乐趣。

最后，理水时对水体的质感处理也是一个不容忽视的环节，通过水面映射建筑景观的理水方式在许多私人花园中都有应用。不同形状的水景可以给人不同的感受。利用小水面和山体模拟自然河流和山峰等自然景观，其关键在于造园师对水景观特征的把握，注重空间创造的虚实变化以及水面之间的分隔，如果是大水面，要分成小水面，如果有许多小的水面，则必须进行聚合。可以通过堤坝、走廊和小岛把水面分为几个区域，每个区域都创造并安排具有不同特征的独特景观，也可以使用小桥来分隔水面，并以各种方式处理水面的形状以丰富景观效果。例如，杭州胡雪岩故居芝园中的小桥和西湖郭庄的平桥都起到了分隔水面的作用。

（三）理水的特色

1. 崇尚自然，追求自然

古人对道家庄子的崇尚自然和向往自然的生活状态的追求在园林中体现较多，[1]这些文人雅士在营造园林时十分讲究自然山水的艺术加工和处理，[2]能够根据地形的起伏变化，挖池堆山、建造亭台楼阁，与水体融为一体，形成巧夺天工的景观。皇家园林对自然之水的追求更为强烈，引用的水源都是江河湖泊的自然水，体量比较大，追求“师法自然，高于自然”的境界。

2. 以小见大，追求含蓄

在古典园林中，在狭小的空间里要塑造一方天地，而且在建造中，含蓄是古典园林的特色，各景点不会全部展现，要让游者有柳暗花明的感觉。在理水

❶ 李政辉 . 道家思想对中国古典园林的影响 [J]. 现代园艺，2011(13):105.

❷ 张朝君，李薇，班小重，等 . 从造园三要素看中国古典园林 [J]. 贵州农业科学，2008，36(2):148-150.

时，合理地利用障景、框景等手法把水与周围环境结合到一起，通过建筑、树木等对水进行隔断和掩映，造成水面看不到尽头的神秘感，这种曲折藏露的理水手法能使水景的意境更加深远。

3. 寄情山水，追求意境

古人对水的理解比较深刻，把水看作德的象征，赋予水伦理道德，所以文人对水十分钟情，造园主人看中水的品质，尤其在自己的抱负无法实现时，他们更多地会寄情山水，沉浸在山水之中。

三、案例赏析

浙江传统民居中庭院的理水类型从所考察的庭院水景来看，主要有自然式水池和规则式水池。水面的表现形式有开朗的水景、闭合的水景、幽深的水景和动态的水景。大多显得小巧精致，能够小中见大，咫尺山林，让人感觉亲切有趣。（见图 3–1 至图 3–6）

图 3–1　郭庄 开阔之水

图 3-2　郭庄 规则之水

图 3-3　杭州丁家花园 幽深之水

图 3-4　绍兴沈园 平静之水

图 3-5　宁波天一阁 闭合之水

图 3-6 兰溪长乐古村 和园 规则之水

第二节 假 山

一、历史概况

中国古代假山堆叠历史悠久。据记载，最早的筑山是周天子仿西方羽岭筑山，文字记载“西征东归，建羽陵”。春秋时期的《尚书·旅獒》中有“为山九仞，功亏一篑”详细记载了古时筑山的施工方法是使用土筐抬土、夯土。到秦汉时期，筑山之风很是盛行，从皇室到官宦都开始大规模筑山，此时的筑山造景是对自然景象的摹写。魏晋南北朝时期，文人士大夫逃避现实而崇尚自然，[1]寄情山水之间，这种社会风气在一定程度上推动了山水诗、山水画的发展，而

[1] 李毅．魏晋南北朝山水诗对山水画形成及发展的影响[D]．曲阜：曲阜师范大学，2010.

这一时期的文人造园得益于绘画理论的发展。[1]明清时期，中国园林发展进入鼎盛时期，筑山也发展到黄金时期。造园家们总结出很多假山堆叠理念，形成一部部专著，如《园冶》《长物志》《闲情偶寄》等，详细记录了筑山的理论和实践。与此同时，涌现出一大批素质和技艺高超的叠石造园名家，如计成、米万钟、张琏、张然、李渔、戈裕良、石涛等。[2]这个时期，假山的处理手法以意境为主，追求“一拳代山，一勺代水”的艺术效果。

二、特色分析

（一）假山种类

1. 天然山石

浙江具有独特优越的自然条件，因此浙江园林主要以自然景观为依托。由于浙江风水盛行，房屋的选择主要在“龙脉”上，周围的自然景观优美。因此，一些大型房屋的设计往往结合景观周围的自然山，或借景、或对景、或障景等，远看山石走势轮廓，近看山石细部处理，从而使远观、近赏都能获得丰富多样的景观效果。

2. 人工叠山

人工叠山又被称为掇山，就是采用人工堆造假山的技巧或者方法，一般体量较大，有一定的规模，使用石材的数量较多，假山的架构复杂，对造园者的技术、艺术要求较高。在叠山过程中讲究“虽由人作，宛若天开”“小中见大”等手法，用自然写意的方式模仿自然景观，达到以假乱真的神韵。

---

[1] 斗斗，亦石．文人与造园 [J]．求索，2006(7):204–205.

[2] 张静，邹志荣，卢涛．中国古典园林的山石造景艺术手法研究 [J]．西北林学院学报，2016, 21(01)：161–164.

（二）山石材料选择

1. 假山常用的石头

中国古典园林注重使用不同的石材来建造不同的假山景观。现实中有很多种石头可以做假山之用，如宋代杜绾写的《云林石谱》中收录了100余种石材，明朝的园林专著《园冶》中也记载了超过10种类型的石头。常用于园林的石头主要包括太湖石、黄石、英石、斧劈石等。此外，还有昆山石、灵璧石、石笋石和钟乳石等。

2. 石材的选取

自古以来，奇峰怪石一直被视为山石中的极品，如要求太湖石要有“瘦漏透皱”的特征，这类石材经常被作为假山堆积的材料。

（三）假山特色分析

从现存的古典园林中可以发现，假山的艺术特色和《园冶》中所记录的极为相似，主要有以下几点。

1. 嵌理壁岩艺术

关于嵌理壁岩艺术，《园冶》中说：“峭壁山者，靠壁理也。借以粉壁为纸，以石为绘也。理者相石皴纹，仿古人笔意，植黄山松柏、古梅、美竹，收之圆窗，宛然镜游也。”这种艺术处理手法在浙江私家庭院中比较常见，即把石嵌入墙壁或者半嵌入墙壁，营造出水墨山水画的效果，配以植物等，观赏效果极佳。

2. 点石成景艺术

在私家园林中，根据地势的变化、道路的转折，在树旁林边等处点缀山石，山石大小、高低、间距不同，疏密有致，变化多样，仿佛自然界的山石景观，可以达到很好的艺术效果。

3. 独石构峰艺术

造园师在庭院当中经常利用特置的方式展示块石的造型之美，这些山石形态多变，造型奇特，可以独立成景，如太湖石等。江南四大名石就是独石构峰艺术的完美体现。

4. 旱地叠山艺术

选好地址之后，在旱地叠山主要考虑假山石的纹理走向，做之前要整体规划好，假山的起脚、立峰等以及每块石头的选择都要遵循一定的原则，让假山有自然之趣。

5.. 依水叠山艺术

在古典园林中，对造山常把山水结合作为最佳的处理手法，从现有的庭院园林假山中可以看出，大都是依山傍水，有如郭熙曰："山以水为血脉"，"故山得水而活"，"山无水则缺媚"。另外，在《园冶》中也有论述："假山依水为妙。倘高阜处不能注水，理涧壑无水，似少深意。"在假山堆叠中要创作自然野趣，通过采用活水的方式，让水围绕假山，结合地形的变换营造各种自然景观。

三、案例分析

（一）假山

假山的体量较大，可观、可游、可赏，一般和水体结合，也有旱地叠山。假山的常用石材有太湖石、青石、斧劈石、英石、黄石等。假山造型多样，仿照自然山水构置山洞，配以建筑、植物等，形成类似自然山石的景观，如图 3–7、图 3–8 所示。

（二）置石

置石的做法在传统古典园林当中用得较为广泛。[1]置石所使用的石材数量不多，施工工艺较为简单，对施工技术没有较高的要求，还可以达到以少胜多的境界，因此，在古典园林中常常会用这种做法来取得独特的效果。置石一般分为特置、对置、散置等。如图 3–9、图 3–10 所示。

---

[1] 郑怀宇，张喜才．置石在园林景观中的合理应用及几个要点分析 [J]. 建材与装饰，2013(20):40–41.

图 3-7　宁波天一阁假山

图 3-8　胡雪岩故居芝园假山

图 3-9　胡雪岩故居芝园 假山置石

图 3-10　绍兴沈园

（三）山石花台

在古典园林中经常会见到利用自然山石围合叠砌而成的挡土墙或花台等，山石花台通过合理布置，可以起到组织游览路线、分隔空间的作用。如图 3-11、图 3-12 所示。

图 3-11　杭州西湖蒋庄

图 3-12　杭州胡雪岩故居芝园

（四）山石踏跺与蹲配

在古典园林中，建筑和山石的搭配[1]常用在建筑的出入口位置，以起到丰富建筑立面的效果。如图 3-13、图 3-14 所示。

图 3-13　杭州汪宅

图 3-14　杭州胡雪岩故居芝园

[1] 黄雯睿，魏胜林，仲笑林，等．苏州古典园林建筑与山石的融合 [J]. 安徽农业科学，2010(19):10379-10383.

（五）抱角与镶隅

古典园林中建筑的外墙角一般为直角，显得单调，于是常用山石进行点缀，用于外墙角的称为抱角，用于内墙角的称为镶隅。所用山石体量不易过大，小巧的山石衬托着建筑的宏伟，两者相互结合，融为一体。如图 3-15 所示。

图 3-15　镶角与抱隅（芝园）

（六）粉壁置石

以粉墙为背景，布置山石，一般称之为粉壁置石，也称为“壁山”。粉壁置石在江南的私家庭院中经常可以看到，这种布置手法使墙面与石头形成一幅图画，美不胜收。[1]如图 3-16 所示。

图 3-16　杭州胡雪岩故居

（七）云梯

云梯是用山石制作的楼梯。云梯既有实用功能，又可以形成景观，与建筑完美结合。如图 3-17 所示。

[1] 刘先觉，潘谷西．江南园林图录：庭院·景观建筑 [M]．南京：东南大学出版社，2007.

图 3-17　杭州郭庄 赏心悦目亭 云梯

第三节　园林建筑

一、亭

（一）历史概况

在秦朝以及两汉时期，亭就已经出现，常设置在村庄十里之外的地方，为了治安管理以及照顾行人等设有亭长，亭长由退伍的兵役担任。汉朝以前的亭子是一种标志物，可以登高望远。到了魏晋南北朝时期，亭的功能和形式变化较大，在离宫别苑中出现，是游览观赏性的亭，有木结构的、竹结构的、石结构的等。南北朝时期的亭子和现代的亭子大致相同，[1]都是景观，而且是在园子中普遍存在的一种建筑。隋唐时期的亭子已经发展得相当完善，并且大量出现在园林当中，无论是亭子的样式还是亭子的作用都有很大改变，具有一定的规模和韵味。例如，王维建造的临湖亭、白居易建造的琴亭等。[2]两宋时期亭的建造更为普遍，而且使用木结构，亭子的建造更加精细，更加注重意境，如沧浪亭等。元明清时期亭子的建造技术发展很快，尤其在皇家园林当中，琉璃瓦的应用[3]让亭子金碧辉煌。亭子的建造在清朝时期达到最高水平，无论是外观还是功能，都比较讲究，在形式上也出现组合亭、半亭等类型。

---

[1] 戴卫红．魏晋南北朝时期亭制的变化 [J]. 社会科学战线，2016(2):89-102.

[2] 王盛．浅谈中国亭建筑 [J]. 中外建筑，2012(4):40-42.

[3] 王秀秀．瓦在中国环境装饰设计中的应用 [J]. 美术大观，2012(11):99.

（二）特色分析

1. 情景交融

亭作为园林中的点睛之笔，是游赏者集中的场所，[1]对于游赏之人来说，亭是休息和观景的地方，亭的内部和亭的外部环境要相互融合，以增加游赏者的乐趣，同时提升整体氛围。在建造亭子时，还要有所启发和引导，让游人有无尽的遐想，让亭的意境更有感染力，也使其意境得到升华。

2. 虚实相生

虚实属于哲学范畴，但在景观亭的构建中也同样适用，因为亭在空间中会有实景和虚景的出现，实景是借助景观围合的实体景物，包括环境；虚景是该环境给人的感受，也就是人们通常所说的意境。虚实结合的场景可以让该处空间更加丰富。

3. 变化多样

亭子的变化多样主要体现在三个方面：一是在平面形式上追求多样，亭的平面形态没有固定的形式，可随地形、环境以及功能要求的不同而灵活运用，如三角亭、四角亭、六角亭等；二是在屋顶做法上进行创造，如圆攒尖、方攒尖、三角攒尖、八角攒尖等；三是在亭与亭的组合关系上追求变化，如单向组合（梅花形、海棠形）、竖向组合（单层、多层）、单檐、重檐、复合组合（两个相同造型的亭，一个主体和若干附体的组合）、亭组（若干座亭）。

---

[1] 周芳良．园林建筑小品的种类及其在园林中的应用分析[J]．科技致富向导，2015(11):218, 233.

（三）案例赏析

见图 3-18、图 3-19。

图 3-18 湖州小莲庄 六角亭

图 3-19　湖州小莲庄 方亭

二、台

（一）历史概况

《说文解字》中对“台”的定义是：“台，观四方而高者。”汉代刘熙所著的《释名》一书中认为：“台者，持也。言筑土坚高，能自胜持也。”从历史记录及解释来看，台就是用土夯实而成的四方之台。周文王修建灵台，通神灵，应该是台最早的雏形。春秋战国时期是中国古代历史上建台最多的时期，这一时期台的作用除了通神灵之外，更多用于帝王的娱乐，如章华台、姑苏台等，可以登高望远，做观赏之用，也是宫苑之中的景观构成要素之一。汉代的宫苑在台上修建台榭，台的观赏功能更加突出。汉代的上林苑内修建台多处，大多利用挖池之土修建，如商台、避风台等。[1]魏晋南北朝时期，建筑多样，而台的形式较少。到了清代，《圆明园图志》记载有蓬岛瑶台，也有台的修建。

（二）特色分析

观景台在江南庭院中的常见布置形式是与水结合，中国古代由水生发出很多哲学思想，以水比德，[2]因此在水边构建平台作为观景之用，更多的是由于人的亲水性，以观景台作为文化的载体，形成了特色的院内景观。

---

[1] 周维权．中国古典园林史 [M]. 北京：清华大学出版社，1990.

[2] 肖冬华．人水和谐——中国古代水文化思想研究 [J]. 学术论坛，2013, 36(1):1–5.

（三）案例赏析

见图 3-20、图 3-22。

图 3-20　芝园 延碧堂前 观景台

图 3-21　郭庄 观景台

图 3-22　湖州小莲庄 观景台

三、楼阁

（一）历史概况

研究浙江传统民居中楼阁的发展一定离不开研究中国古代大背景下传统楼阁的发展。[1]我国的楼阁建筑历史悠久，早在春秋战国时期，楼阁建筑就已经开始逐渐兴盛；到隋唐五代时期，楼阁建筑已经遍布大江南北；到清朝，其发展历时已长达两千多年。

浙江楼阁的发展和中国楼阁的发展是同一个脉络。据有关史料记载，春秋时期浙江就有楼阁建造，这时的楼阁是登高求仙的产物；唐代西湖的建设和佛教的发展使楼阁发展迅速；南宋定都临安，这对浙江的园林建设起到促进作用，楼阁的建造水平更是飞速发展，著名的楼阁建筑有天一阁等。

---

❶ 孟勐．浙江传统楼阁研究 [D]. 杭州：浙江农林大学，2015.

（二）特色分析

传统楼阁的造景艺术主要体现在布局上，景观楼阁在自然山水、建筑、植物等环境当中处于重要地位，并充分融合到自然山水之中。[1]同时，楼阁之中还会融入诗文，文人登高望远，必怀古论今、写诗作赋，诗词的融入给楼阁带来了更大的魅力，让人游玩之余还能得到艺术的熏陶，从而更加显现出楼阁建筑的魅力所在。

（三）案例赏析

见图 3-23、图 3-24。

图 3-23　宁波天一阁

[1] 薛晔，章利国．身即山川而取之——郭熙自然审美观照思想抉微[J]．新美术，2002，23(1):59-62.

图 3-24　金华八咏楼

四、廊

（一）历史概况

中国古典园林中的廊的建造可以追溯到先秦时期，在半坡文明中就发现了近似门廊的遗迹，这可以看作廊的萌芽。魏晋南北朝以后，廊在各类私家园林中的应用很普遍，外观形式也多种多样。宋代园林中用廊连接前堂和后寝，如张石铭旧宅中的廊等。到了明清时期，造园技艺发生了翻天覆地的变化，理论与实践都有很大程度的提高。

（二）特色分析

相对其他建筑，廊的结构较为简单，而且形体比较灵活，可以根据地形等进行灵活变化，如常见的之字曲廊和爬山廊在建造之时就要随地形起伏变化，这也是廊对自然的顺应。[1]廊还会同园路铺砖、台阶等其他构筑物结合，形成变化多端的路径空间，引导游人路线，达到曲折尽致、引人入胜的效果。廊的形式多样，有单廊、复廊等，复廊内墙上的漏窗构成了虚实的变化。见图 3-25 至图 3-27。

图 3-25　湖州小莲庄 长廊

[1] 沈福煦．中国古典园林建筑欣赏 亭·廊 [J]．园林，2007(3):10–11.

图 3-26　芝园

图 3-27　湖州小莲庄

五、榭

（一）历史概况

“榭”在《说文解字》中的解释为“台有屋也”[1]。简单理解就是在台上建造

[1] 栗昭耀，王艺彭．台榭到水榭——浅谈古典园林建筑榭的发展历程[J]．中外建筑，2017(04):37-39.

房屋。但是在《尔雅》中又说“无室曰榭”，即没有围合可供观景的建筑。最早的榭在台上修建，后来随着挖池堆山的兴起，榭也多在池边台上修建，后又称水榭。从台榭到水榭的发展足以说明中国古典园林发展从山到水的转变和对山水的崇拜。先秦时期的榭主要是在台上修建的，用来祭祀、求神灵，体量高大。到了西汉，建筑发展逐渐完善，台榭发展为水榭，主要功能为在水边游赏，成为亲水建筑。隋唐时期皇家园林的修建远远超过以前，在考古中也发现了水榭建筑的遗址，由于当时文人的参与，水榭在与周围环境的布局安排上更为合理。到了宋代，私家园林开始活跃，其建造极为精致，随着理水手法的大量使用，水榭成为文人雅士作诗赋词的好去处。元明清时期水榭更多地用来饮酒作赋、戏曲演出等，水榭的造型也趋于轻盈通透。

（二）特色分析

《园冶》中记载：“榭者，藉也。藉景而成者也。或水边，或花畔，制亦随态。”[1]水榭作为邻水建筑物，在营造时应尽可能地突出池岸，形成三面环水的布局，或者伸入水中，水榭前也可增设平台。同时，水榭要尽可能低，最好贴近水面，在比例上要和周围环境相协调，可以配合廊、粉墙、漏窗等，加以树木花草，一般都可以取得较好的效果。

[1] 沈福煦．中国古典园林建筑欣赏：榭・台 [J]. 园林，2007(6):12–13.

（三）案例赏析

见图 3-28、图 3-29。

图 3-28　沈园 水榭

图 3-29　湖州小莲庄 水榭

六、景　墙

（一）历史概况

景墙是现代园林中常用的一种园林小品，在古代，并没有“景墙”这一说法，《说文》中解释：“墙，垣蔽也。”墙最早的意思就是房屋或园场周围的障壁。现代的景墙来源于古代的墙，通过不断地演变形成不同风格和样式的景墙。[1]最早的墙是用来保护自身安全、防治自然灾害和野兽的，古代的墙都是用土夯实而成的，所以在文献记载中多用垣、墉、壁等称谓。

（二）特色分析

中国古典传统园林的墙常用来分隔院落空间，墙体白色，墙头青瓦。[2]用白墙做背景，衬托山石花木等景观，形成山水画的意境。在民居当中，墙体不仅有围合、保护的作用，还有分隔建筑空间、衬托园林景物、遮蔽视线的作用。墙常采用的形式有云墙（波形墙）、梯形墙、漏明墙、白粉墙等。建造材料种类多，施工方便。《园冶》中说：“宜石宜砖，宜漏宜磨，各有所制。”[3]

我国江南古典园林中的墙上常设有漏窗、空窗和洞门，在造景中形成虚实、明暗的对比，使整个墙面的变化丰富多彩。墙上的漏窗使不同空间似隔非隔、景物若隐若现，层次感更强。

---

❶ 石晓丽．中式景墙的历史发展及现代演绎 [J]．现代园艺，2018，358(10):112.

❷ 吴国荣，郭青媛．中国古典园林设计中心理学应用分析 [J]．艺术与设计（理论），2010(7):113-115.

❸ 陈伟志，冯斌，吉立峰．中国古典园林围墙之特点 [J]．艺术界，2009(4):146-147.

（三）案例赏析

见图 3-30、图 3-32。

图 3-30　杭州郭庄 圆形漏窗

图 3-31　杭州郭庄 景墙与漏窗

图 3-32　蒋庄 云墙

第四节　雕　刻

一、砖　雕

（一）历史概况

1. 秦汉时期

秦汉时期的砖雕艺术主要体现在砖和瓦当上，不仅工艺娴熟，还形成了一定的规模。[❶]秦砖的纹样丰富，有几何纹样，也有动物图像，主要应用于建筑等，是我国砖雕的里程碑。汉代的瓦当具有很高的艺术成就，[❷]常见的龙、虎等图案是典型的瓦当装饰图案。除此之外，汉代还有画像砖，但多用于墓室。

2. 魏晋时期

该时期的砖雕艺术也有一定的突破，但是表现的内容因时代关系，呈低迷的状态，没有汉代的雕刻生动活泼。

3. 隋唐时期

该时期砖雕兴盛，发展空间广阔，开始转向建筑装饰，雕刻精细，分类较多，如平砖、竖砖等，花纹也有人物、花草、几何图案等，纹样表现十分精妙。

4. 宋元时期

宋代的建筑比较精细，砖雕也随之变得更加生动精致，这种风格一直延续到元代初期。宋代把砖雕真正应用到建筑之上，砖的大量应用也推动了砖雕的发展。

---

❶ 陆杨．中国砖雕的发展史 [J]．戏剧之家，2016(23):288.

❷ 徐锡台，楼宇栋．周秦汉瓦当 [M]．北京：文物出版社，1988.

5. 明清时期

明朝和清朝是古代砖雕艺术发展的高潮期，[1]可以说这个时期的砖雕应用广泛，题材丰富，在皇宫大殿、私家庭院、公共建筑中都有应用，砖雕内容和技术都超过前几个朝代，也形成了不同的流派，出现了很多地区性的砖雕，如徽州砖雕、苏州砖雕、北京砖雕等。

（二）特色分析

从浙江地区的传统民居建筑来看，砖雕更多地应用于建筑，如门楼、照壁、围墙等。青砖具有材质细腻的特性，非常适合雕刻。从观赏角度分析，砖雕可远观也可近赏，效果极佳。砖雕的雕刻题材非常丰富，有龙凤题材、历史典故、神话故事、花鸟鱼虫等内容，寓意吉祥。从雕刻技术上看，有阴刻、浮雕等类型。作为民间砖雕，其特点一是实用，二是观赏。从现存的古民居砖雕来看，雕刻形象简练、风格浑厚，既保持了建筑构件的坚固，又能经受日晒和雨淋，还有很强的装饰性。

（三）案例分析

见图 3-33、图 3-24。

图 3-33　胡雪岩故居 门楼砖雕

[1] 邹德侬．中国建筑史图说 [M]. 北京：中国建筑工业出版社，2001.

图 3-34 虞氏旧宅 门楼砖雕

二、木 雕

（一）历史概况

中国的木雕艺术历史悠久，从河姆渡文化遗址出土的木雕角和朱漆木碗可以看出，木雕工艺品在原始社会就已经产生了，这个时期的木雕是后期木雕的雏形。到战国时期，立体的圆雕已经出现。[1]到秦汉时期，木雕工艺得到了进一步的提升和发展，从汉墓中出土的木雕可以看出，这个时期的木雕不但种类众多，有动物造型和人物造型，而且造型特点突出、生动形象。唐宋时期的木雕艺术不断发展完善，如浙江东阳木雕、黄杨木雕等地方木雕，风格独特，既可以装饰建筑，又可以装饰家具。明清时期，各地的木雕工艺已经基本形成流派，木雕创作内容丰富，包含民俗风情、神话故事、历史典故、山水虫鱼等，并在古民居建筑、家居和各类工艺品等领域大量应用。尤其在清代，木雕行业发展

❶ 陈霞艳．木雕艺术与中国传统文化研究 [J]. 浙江工艺美术，2015(5):81-84.

到顶峰，出现了很多地方的木雕特色和流派，也出现了一些木雕大师，如朱子常、周村豪、徐融农、刘坤云、王启华、查文玉、刘志贤等。

（二）特色分析

浙江东阳木雕主要分布在浙江省东阳市，因该地盛产樟木，素有木雕之乡的美誉。[1]东阳木雕特色鲜明，保留了木材原有的色泽和纹理，经过打磨，圆滑细腻。常用的摆件也技艺精湛，深受大众喜爱。木雕的题材也很广泛，如人物、飞禽走兽、花鸟虫鱼等，其中，历史题材的故事在建筑装饰当中有所表现。[2]黄杨木雕主要是摆件，因用黄杨木雕刻而出名，主要分布在乐清等地，作品纹理细密，古朴美观。

（三）案例分析

见图 3-35、图 3-36。

图 3-35　东阳李品芳故居 木雕

[1] 华德韩．中国东阳木雕 [M]. 杭州：浙江摄影出版社，2001.

[2] 刘奇俊．中国古木雕艺术 [M]. 台湾艺术家出版社，1988.

图 3-36　松阳石仓古镇古民居 木雕

三、石　雕

（一）历史概况

石雕的历史可以追溯到旧石器时代，距今大约二十万年，从那时起，石雕一直流传至今。先秦时期的石雕主要是生产器物和武器，已经有了基本的几何形状。❶到了商代，青铜器盛行，石雕艺术发展得很快，有人物石雕，也有动物石雕。唐代及以后，石雕发展进入高峰期，主要为陵墓石雕和佛教石雕。明清时期，建筑得到大规模发展，石雕自然成为一种装饰艺术，如石刻华表、蟠龙的造型。❷另外，故宫的栏杆、石桥等都是石雕的艺术展现。

❶ 张道一，唐家路．中国古代建筑石雕 [M]．南京：江苏美术出版社，2012.

❷ 李世仪．北京明清建筑的石雕艺术 [J]．上海集邮，1996(2):16-17.

（二）特色分析

中国的石雕种类繁多，单从浙江传统民居中就可以发现。石雕的类型主要有圆雕、浮雕、壁雕等。[1]在宅院建筑中，随时可以看到石雕，石雕的雕刻技术精湛，主要体现在建筑的石柱、柱础、门楼、牌坊、石狮等处，与建筑融为一体，相互衬托，文化艺术价值极高。

（三）案例分析

见图 3-37 至图 3-39。

图 3-37　宁波 天一阁 百鹅亭 石雕

[1] 汪之力．中国传统民居建筑 [M]．济南：山东科学技术出版社，1994.

图 3-38　慈城古镇 牌坊 石雕

图 3-39　湖州张石铭旧宅 石雕

第五节　植物配置

一、历史概况

中国开始观赏植物的栽植可以追溯到七千年前，从浙江余姚河姆渡考古中发现的陶片可以作证，因为该陶片中画有盆栽万年青的图案。这也说明在七千年前古人就开始将植物应用于观赏、食用或者其他用途。进入奴隶社会后，园林最早的雏形囿、台出现，观赏植物也进行了配置，但此时还仅仅处于从属地位。到了西周，《周礼》记载“列树以表道”“以荫行旅”等，足以说明在西周已经进行道路两旁的植物种植，也就是现在所说的行道树。春秋末年，历史记载吴王建梧桐园，有“穿沿凿池，构亭营桥，所植花木，类多茶与海棠”的记录，已经有了用茶花和海棠花进行配置的模式。秦汉之时，园中种植植物的种类有槐树、榆树、松树、柏树等，在水池之中种植荷花、芦苇等。《洛阳伽蓝记》记载:“花林曲池，园园而有。莫不桃李夏绿，竹柏冬青”[1]，反映了当时花木配置的一种景象。隋唐是我国历史上比较繁荣的时期，园林也进入了全盛时期，各类宫苑建造，除建筑外，广植树木花草。到了宋代，还有专门搜集奇花异草的专类园，《洛阳名园记》中记载，归仁园“北有牡丹、芍药千株，中有竹百亩，南有桃李弥望”[2]，可见，该园的植物种类丰富多样。明清时期是园林的兴盛时期，不论皇家园林还是私家园林的植物配置都达到了顶峰。植物种植还要反映文化，对植物的文化挖掘也是其中的特色，梅兰竹菊、玉堂富贵春等具有象征吉祥富贵意义的植物被广泛种植在各类园子当中。

二、特色分析

浙江的古典园林，尤其是私家庭院，其植物造景颇有特色，均借助植物表达自己的情感。[3]同时，园中植物的种类丰富，观赏季节性明显，营造植物的手

---

❶ 杨衒之．洛阳伽蓝记[M]．尚荣，注释．北京：中华书局，2012.

❷ 李格非．洛阳名园记[M]．北京：文学古籍刊行社，1955.

❸ 曹俊卓．浙江古典私家园林植物造景研究[D]．临安：浙江农林大学，2012.

法有孤植、群植等，又利用植物进行围合空间和阻碍视线，丰富了空间层次和景深，可以说植物的造景在浙江的古典私家庭院中体现得十分完美，尤其在植物的内涵、意境上更是应用到了极致。

（一）植物造景形式与手法

中国古典园林植物的景观有许多历史资料。关于植物的特殊研究，有专门的论著，如《花镜》《广群芳谱》，还有文人笔记中关于园林种植设计内容的描述，如《小窗幽记》《袁中郎全集·瓶史》《闲情偶记·种植部》《幽梦影》《履园丛话》等。除此之外，文人在四处旅行时创作的旅游散文也经常涉及园林种植设计或园林植物景观，如《吴兴园林记》《陶庵梦忆》《西湖梦寻》《浮生六记》等。浙江古典私家园林植物造景的历史状况尚未见于专类的历史，本书通过收集浙江古典私家园林的文人笔记、地方县志和现代研究，总结了浙江古典私家园林植物的历史、造景的特点，由于能力有限，不可避免地会遗漏一些信息。此外，由于一些历史材料对花园的位置等的记载已不符合当前情况，所以研究只关注植物造景，而不对其进行详细分类。

1. 托物言志

在古代植物园林绿化中，园主人通常用植物的文化意义来表达他们的追求，或隐喻内在的纯洁，如《梅花庄记》中记载，“环植梅，且硕茂矣，而名之曰‘梅花庄’”“以梅花名焉，则起明之意，岂无所在耶？夫梅有花而有实者也，昔商高宗命说辅德，而比之和羹，斯谓实欤？六朝以来，词赋所称‘幽芬绝艳’，斯谓花欤？且花与实一本而异也，实以用而可贵，花以色而可尚。尚花，今也；贵实，古也……”。有时园主也用植物来鼓励、鞭策自己，“风从北来者，大率不能甘而善苦，故植物中之，其味皆苦，而物性之苦者亦乐生焉。于是鲜支、黄蘗、苦楝、侧柏之木，黄连、苦杕、亭历、苦参、钩夭之草，地黄、游冬、葴、芑之菜，楮、栎、草斗之实，楛竹之笋，莫不族布而罗生焉”（《苦斋记》）。

2. 种类繁多，色彩丰富

古代造园者在建造园林时，为了实现移步换景的景观效果，非常重视植物种类的丰富性和不同季节的季节性景观。如《寓山注》中描述：“园以内花木之繁，不止七松五柳。四时之景，都堪泛月迎风。”《蕺山文园记》中有“盛栽白莲，隄上杂植桃柳、芙蓉、橘柚。芳春绿叶红蕤，灿若霞绮；盛夏莲华出水，风动雨浥，清芬触鼻；秋来芙蓉满堤，黄菊盈把，幽意飒然。霜霰既零，卉木凋伤，庭橘深绿，朱实累累，节节参变，景物并佳”。

3. 配置手法多样

清代园艺家陈扶摇曾说“有佳卉而无位置，尤玉堂之列牧竖”，在不同地点创造不同的植物景观可以使园内的景观丰富多变和层次分明。如道路的配置，往往用密集种植的竹子进行遮掩，“先入深壑，竹阴转密，日影不漏……松筠夹道，逶迤而入，编竹为扉”（《横山草堂记》）；水边多选择姿色俱佳的植物栽于两岸，常用的有桃、杨、柳、芙蓉等，“有溪一湾……植桃其岸，傍一泉，尤清澄可鉴，中涵竹色，因以‘蓄翠’题焉”（《横山草堂记》）；“……堤植芙蓉杨柳，可与西垞埒”（《两垞记略》）；更有以植物为溪水命名者，增添了欣赏品味的情趣，如“园外山水环抱，主人植芙蓉于两岸，命之曰‘芙蓉溪’”（《自记淳朴园状》）。建筑周边常见单种植物的配置，并以此植物为建筑命名，建筑大至堂、楼，小至亭、桥，如“进此有堂，高出竹杪，如奔绿浪，遂名曰‘竹浪居’”（《横山草堂记》）。

4. 以植物作为空间转换的媒介

古典私家园林以建筑作为园林的主体，贯穿全园、分隔空间，为了避免空间转换的单调与突兀，常变换植物景观，以满足视觉的审美需要，如岣嵝山房、青莲山房、楼外楼、青藤书屋、梅花书屋、寓园、今是园、快园、砎园等，这些园林面积均不大，但是空间艺术变化丰富，风格素雅精巧。

5. 蕴含生态智慧

浙江古典私家园林植物造景蕴含着古老的生态智慧，体现了浙江古代先民对自然与园林关系的深刻理解，其表现有两个方面：一是在中国古典哲学思想中滋生的“天人合一”的生态宇宙观，它借植物的意蕴表达了人们追求与自然亲和、亲近的愿望，比如用植物命名的园林“梅花庄”“青藤书屋”，用植物命名的景观“玉兰亭”“松风岭”等；二是人们在长期的生活生产中积累、学习自然界的水文、气候、动植物与地形地貌、地质、土壤知识，为园林植物造景提供科学的指导，做到了因地制宜地种植植物，满足植物的生理要求，如“土肤不盈尺，以是故，极宜种茶”，对植物的养护注重其姿态的自由生长，不刻意做人为的修整，“园之中，不少矫矫虬枝，然皆偃蹇不受约束，独此处俨焉成列，如冠剑丈夫，鹄立‘通明殿’上……迎门一松，曲折如舞，共诧五大夫何妩媚乃尔！”(《寓山注》)。

（二）不同立地条件下植物配置手法

1. 建筑周边的植物配置

江南的私家园林是封建私有制的产物，是以建筑为主的小型园林，一般植物只是起到衬托建筑主体的作用，虽然植物种类不多，但配置精致讲究，依据建筑形式的不同，其配置亦不相同。建筑形式分为厅堂、亭轩、廊、墙、门窗等，厅堂一般位于庭院的中心，体积较大，外形庄严，常选择树形优秀、树冠宽广的乔木，一方面用以庇荫，另一方面配合厅堂的体量，软化厅堂的轮廓。亭、轩是私家园林中比较小巧的建筑，庭院中会有一个或多个小亭散布园中，根据建筑材料和所处位置的不同，其植物配置亦有所不同。绮园潭影轩前对植的香樟，高耸入云，浓荫如盖，将潭影轩笼罩其中。沈园内的六朝井亭，位于古迹区的中心，是游赏的必经之地，一面临水，四面景色俱佳，所以周围配置低矮的灌木，稀疏地种植几株乔木，避免遮挡视线，同时植物色彩丰富，增添了亭外热闹的气氛。闲云亭偏于一隅，院墙一面以香樟等常绿乔木做屏障，有隔离和保护的功能，其他三面配置鸡爪槭、蜡梅等灌木引导观赏视线。沈园的故亭是座茅草亭，地处坡地，周围以常绿和落叶乔木混植的方式营造静谧山林的氛围。廊在江南园林中多依墙而建，弯曲回环，与院墙之间留下狭小的空间，若不种植植物，不免单调，所以此处选择的植物不宜过于高大，也不能种植过密，常见的配置手法是在廊与墙之间丛植竹类。

2. 山石周边的植物配置

荆浩在《山水赋》中说道，“树借山以为骨，山借树以为衣。树不可繁，要见山之秀丽；山不可乱，要见树之光辉。若能留心于此，顿意会于元微”，指出了植物和山石之间的密切关系。园林中的山石有土山、假山和孤立石三种，孤立石又有大小之别。土山多着重山林空间的经营，故其植物配置不着力于整体山形的观赏导引，而锐意加强身临其境的山林空间意境。如小莲庄土山的植物配置，其山腰种植朴树、三角枫等高大乔木，营造山林之势，山麓选用小乔木鸡爪槭，以免遮挡观赏视线。山顶处乔灌混植，平视则树干交错，叠影重重；仰视则枝丫交织，浓荫蔽日；俯视则盘根错节，如进深山。

大型假山土少石多，重在表现山石的峭拔、山体的庄重，不宜种植过多的植物，但若不植一物又显山体突兀笨重。沈园东苑假山则以云南黄馨点缀山体外缘，石缝间辅以蕨类，正如《画筌》中所云，“山脊以石为领脉之纲，山腰用树作藏身之幄”。假山的石阶偶栽一两株南天竹，使山体灵活生动。

孤立石在江南私家园林中随处可见，有主题性的孤立石，有路边随意摆置的，但是无论大小，其配置都精巧考究。孤立石的植物配置一般是根据其造型特点进行的，如沈园入口处的主题景石，高者以孝顺竹做背景，爬山虎和蔓长春花攀缘而上，矮者右倚一株罗汉松，左植一株鸡爪槭，蔓藤缠绕，菲白竹密植石下，整体景观层次丰富，对比鲜明，突出了景石的形体美。郭庄两廊之间的小空间里摇曳的树姿与石之怪状相得益彰，再用南天竹点缀空白，使小空间主题明确且画面生动。浙园中小型的孤立石非常多见，其配置手法也富于变化，处理得小巧而细腻，石微高者配小乔，略低者配灌木，又以络石藤蔓或云南黄馨枝条打破垂直平面，景物虽小却景象丰富。麦冬是地被中与小石搭配极好的植物材料，其纤长茂密的长势遮掩了石与地面间突兀的交接线，在石后用常绿丛生灌木做背景可以突显石之异状，用繁花点缀则使整体趣味横生。

3. 水体周边的植物配置

根据水与物结合方式的不同，可分为水岸植物配置和水中植物配置两种。浙江古典私家园林中水体的形式多为水池，有水泥围合的规则式水池，也有土石围合的自然式水池，面积大小不一，植物配置各具特色。水岸植物配置的目的是打破水体的平面，渲染水面色彩，如唐岱描绘“柳要有迎风探水之态，以桃为侣，每在池边堤畔，近水有情”（《绘事发微》）。配置时注意植物的姿态、色彩、数量以及与水岸的距离。清代蒋骥在《读画纪闻》中说水边应选“纠曲之状者”，龚贤在《半千课徒画说》中写到“然松在山，柳近水，乱生于野田僻壤之间，至妙”，强调了树姿的重要性。沈园东苑内池，水岸线曲折狭长，垂柳、云南黄馨枝条扶苏伸展，临岸种之则“柔条拂水，弄绿搓黄，大有逸致”(《长物志》)。池边若种植生长年限长的植物，其景观效果会随时间的累积产生不同的意象，小莲庄水岸的一株百年紫藤，树姿古拙苍劲，虬枝蔓延，遮天蔽日，覆盖水面之上，倒影生动。植物色彩是水岸植物配置的亮点，常用的植物有桃、杏、李、樱花、云南黄馨等，搭配时注意疏密变化、层次交叠以及植物与水岸的距离，忌繁杂无序。若水池较小，则不宜种植大乔木，可选择树姿古韵的灌木，其枝丫亲近水面，使空间饱满而灵动，坡面再辅以蕨类地被，填补空白。若池面宽广或水池形态呈长条形，则适宜列植数株高大乔木，形成树冠轮廓起伏变化的天际线，增加景深，加强水体本身表现的艺术效果或氛围。水面常栽植荷花、睡莲等水生植物，种植方式或成片栽植，形成壮观的荷塘景色；或在水池中分几组栽植，点缀水面，增添一些生动气息。

4. 园路周边的植物配置

江南私家园林多为宅园一体，面积较小，园路形式主要有游赏主路和小径两种，主路宽 1 米 ~ 2 米左右，小径宽 60 厘米左右，其植物配置以拓展园路空间、提升游赏趣味为目的。主路的配置目的主要在于引导游览，同时衬托出园内整体氛围，所以一般选择主干挺拔、树荫浓密的树木，如香樟、垂柳；小乔木和灌木的选择重点在于植物的观赏特性，如观花植物梅花、碧桃、紫薇等；色叶植物鸡爪槭、红枫等，芳香树种桂花、栀子等，营造色彩明亮、赏心悦目的游赏环境。配置时应注意植物的疏密、高低变化，在景色好的一面要疏植或种植高大乔木，为游人游览时留下适当的观赏视域；在景色欠佳的一面要密植，达到遮蔽、美化的效果。沈园内临水一侧栽植一两株垂柳，院墙一侧栽植日本晚樱，弱化院墙的冷色调；绮园内临水栽植垂柳和桃树，另一侧密植乔、灌木作为屏障。入园主路的配置要注意留出较大的观赏空间，否则会使人在入园时产生局促感，出口主路的配置可以适当紧密，乔、灌搭配错落有致，突出园路的曲折和幽深。小径是园内通往某一特定地点的小路，表现的是园内局部环境，其配置重点是体现小空间的独特性，营造不同的氛围，如小路两侧丛植同种植物，景色壮观，气氛幽静；若高乔茂密，小灌丛生，小路则顿生静谧感。

三、案例赏析

见图 3-40 至图 3-42。

图 3-40 蒋庄植物

图 3-41 杭州汪宅植物

图 3-42　宁波天一阁植物

第六节　铺　地

一、历史概况

铺地艺术伴随着中国古典园林的发展而发展，据考古发现，新石器中期（约公元前四千年至公元前两千五百年）已开始使用卵石铺砌室外路面，如 1979 年发现的湖南澧县城头山古城遗址中就有卵石铺地。在发现的西周中期室外散水就是采用的卵石竖砌的做法。到了秦汉时期，散水做法进一步完善，[1]如在卵石两侧砌砖，起到保护散水不被冲坏的作用。唐朝时期，已经开始采用预制地砖。预制地砖图案丰富，既可以保护路面，又起到装饰美化的作用，如唐代的宝珠莲纹等。明清时期造园师在营造庭院时合理利用各种建筑废料（碎砖瓦片、陶瓷片、卵石、块石等）进行构

[1] 朱杭．中国传统住宅地面做法研究——以明清合院式住宅为例 [D]．南京：东南大学，2014.

图，如几何纹样、动植物、博古等。[1]江南比较著名的“花街铺地”就是在铺地施工中用一种材料，或者几种不同材料搭配使用，是一种经济、实用、美观的做法。

二、特色分析

铺地艺术有三个主要特色。一是崇尚“效法自然”。在现有的民居庭院中，铺地材料更多的是取自于自然界中的卵石、青砖、青瓦、片石等材料，根据材料的造型以及色彩进行构图，体现出自然的美感，还有质朴实在而不浮华之意。二是铺地艺术重视对意境的提炼。[2]古典园林的建造非常注重意境，在铺地构图中有意识地进行情景的渲染，用材料的形状拼出具有抽象或者具象的内容，形成一定内涵，如福禄寿方面、吉祥平安方面，凸显园主人的理想情怀。三是铺地还要有良好的地面装饰作用。一般造园师会根据环境特点选用不同的材料进行铺装设计，使之呈现出自然、古朴、传统等艺术效果。[3]

三、案例赏析

见图 3-43 至图 3-47。

图 3-43　前童古镇铺地

[1] 叶青．中国传统装饰要素的文化分析及其在现代环境艺术设计中的运用[D]．武汉：武汉理工大学，2004.

[2] 程瑞．试论江南园林铺地艺术及其形式创新[D]．杭州：中国美术学院，2013.

[3] 陈继福．追求古朴 体现自然——谈清代避暑山庄植物配置艺术特色[J]．中国园林，2003, 19(12):19–22.

图 3-44　东阳李宅庭院铺地

图 3-45　湖州小莲庄铺地

图 3-46　东阳北后周古建筑群庭院铺地

图 3-47　慈城古镇县衙唐代甬道

第七节　其他造园要素

一、石桌、石凳

浙江传统古民居庭院中的石桌、石凳等造型小巧精致，实用性强，在庭院当中与其他景观要素，如与盆景、假山置石、植物、花架等，可以相互衬托、相映成趣，成为具有休憩功能的场所，同时还兼具装饰性。如图 3-48 所示。

图 3-48　颖园石桌、石凳

二、栏杆与美人靠

浙江民居庭院中的园林建筑如水榭、亭等，都设有休息性、安全性的构造，如栏杆、美人靠等。[1]

---

[1] 谢凌云．栏杆在园林建筑中的应用 [J]. 城市建设理论研究（电子版），2013(8).

三、花台树池、盆景台

从实地调研中发现，浙江古民居庭院中树池的形状主要有圆形、矩形和六边形等。盆景台也是庭院中常见的一种景观小品，在古典园林中烘托盆景之美。❶如图 3-49 至图 3-53 所示。

图 3-49　湖州小莲庄树池花台

图 3-50　慈城古镇冯骥才故居树池

❶ 张驭寰，郭湖生．中华古建筑[M]. 北京：中国科学技术出版社，1990.

图 3-51　湖州小莲庄树池

图 3-52　张石铭旧宅鹰石盆景

图 3-53　太仓古镇民居庭院简易盆景台

四、匾额楹联

中国的建筑形态本身不具有表意作用，园林建筑多采用定式常法，建筑的表意往往借助于匾额、楹联、书画、题咏等。[1]匾额楹联能“化景为情，融情于景”，其本质是园林创作活动中的一环。在浙江古民居中，门洞上方的匾额常用于题写园名。磨砖字匾以青砖为底，周围以清水磨砖雕花镶边，还有的用整块青石做匾额。

楹联是我国特有的一种文学艺术形式。园林中的楹联多用来表达园林意境和园主的审美品位，其主题或是描绘园林胜景，或是借景抒情。[2]内容上主要是人文自然风光和励志教育，一来体现了纯朴的儒风，二来反映出园主人自得其乐的隐逸思想。

五、桥

中国古典园林师法自然山水，在各类园林的配置中水占的比重很大，[3]在进行水与其他景观要素衔接时，必然会涉及桥，桥也是园林中具有美感的构筑物。《园冶》中以“引蔓通津，缘飞梁可度”“……疏水若无尽，断处可通桥”[4]来说明园桥之美。

桥在实际运用中主要根据地理环境进行设计，比较远的距离就用虹桥，既是一个景观，也能满足功能需要；近桥用曲桥（见图 3-54），可以把游览路线拉远，也可以起到分隔的作用。从所调研的浙江传统民居庭院中的桥可以发现，基本上桥的设计比例适度，清平淡雅，简洁大方，能带给人们一种美的享受。

江南园林中桥的种类繁多，形态多样。常见的有石板桥、曲桥、拱桥（见图 3-55）、廊桥、亭桥、平桥（见图 3-56）等。[5]庭院景观中的桥一般形制小巧多变，展示出矫健秀巧的雅姿或势若飞虹的雄姿。

---

[1] 张驭寰，郭湖生．中华古建筑 [M]. 北京：中国科学技术出版社，1990.

[2] 王秀珍，刘光文．中国古典园林“小中见大”的意境分析 [J]. 齐鲁艺苑，2015(6):68-71.

[3] 高峰．中西古典园林之差异 [J]. 山西建筑，2004, 30(8):7-8.

[4] 李旸．私家园林中的桥 [D]. 苏州：苏州大学，2008.

[5] 郝鸥，陈伯超，谢占宇．景观规划设计原理 [M]. 武汉：华中科技大学出版社，2013.

图 3-54　颖园曲桥

图 3-55　胡雪岩故居芝园拱桥

图 3-56　杭州丁家花园平桥

第八节　壁画、彩绘

中国的壁画艺术风格独特，历史悠久，是国家绘画遗产的重要组成部分，是中国艺术不可或缺的一部分，也是世界艺术的光辉篇章。壁画是一种很生动的艺术形式，受到各个年龄段人的喜欢。自周秦以来，各种宫苑、寺观等的墙壁上往往有许多画作，这是中国艺术的传统。作为一种独特的视觉表现艺术形式，壁画反映了不同历史时期的文化信息，具有非常重要的学术价值、应用价值和历史价值。浙江省现存的传统壁画主要是明清时期的壁画（见图 3–57），主要可以分为清代太平天国的壁画、清代民间戏曲的壁画以及明清古民居的壁画。[1]

图 3–57　东阳大爽村花厅壁画

浙江民居是中国传统民居建筑的重要流派，是浙江民间文化的重要体现。浙江省的地理环境和气候是形成浙江住宅特色的因素之一，更重要的形成因素是浙江居民长期文化创造的积累。与此相对应的是民居壁画，其不但在民居中

[1] 伍冰蕾．浙江地区明清传统壁画发展与保护研究 [D]. 杭州：中国美术学院 ,2017.

起到装饰作用，而且具有民俗文化的区域性特色和传承价值，值得进一步探索。宗祠是古代民居的代表性建筑形式之一。根据目前的数据，浙江中部的宗祠建筑最早出现在唐代。在宋代，浙江中部的祠堂建设并未发展起来，元朝时祠堂建设才逐渐增多；在明朝，由于浙江中部经济的快速发展，浙江省中部的宗祠建设蓬勃发展；在清朝，政府主张传统的“以孝治国”，倡导建设家庙，在家庭中建立祠堂祭祀祖先成为一种普遍的社会现象。壁画是建筑的一个组成部分，与祖先建筑的繁荣相对应，祖先壁画也在蓬勃发展。

明清古民居的彩绘（见图 3-58）、壁画（见图 3-59）大多是由民间工匠甚至是社会底层的建筑工人完成的。它们具有最普遍、最优雅的品位和人性化的内容，是劳动人民在生活实践中创造的文化，与当地的习俗和习惯密切相关，是人们对生活的热爱和对精神文化追求的真实写照。

图 3-58 武义俞源古村碧云天戏台彩绘

图 3-59　小莲庄亭子彩绘

第四章　庭院造园艺术

造园艺术在实际中的体现就像《浮生六记》中所言，“大中见小，小中见大，虚中有实，实中有虚，或藏或露，或浅或深，不仅在周回曲折四个字也”[1]，讲究虚实结合、漏藏结合，贵在曲折。明朝造园大师文震亨通过将理论与实践相结合，写下《长物志》这本书，其中记载“石令人古，水令人远。园林水石，最不可无。一峰则太华千寻，一勺则江湖万里”，而浙江传统民居庭院造园艺术也基本符合造园理论中的艺术手法。[2]山水是历来造园师最重要的造园要素，也是构园的主体和骨架。山是整个院子的骨架，也是造景的载体；水利用水面的镜像原理来拉伸空间，形成水平方向上的开阔视野。除山水外，园林建筑在造园中也起到关键作用，建筑可以为人们提供隐蔽或半隐蔽的空间，供人们活动和休憩，能够起到划分空间、引导路线、丰富景观的作用。而植物就像衣服一样附着在“骨架”上，对整体环境进行美化，柔化硬质空间，把建筑、山水、园路铺地等组合联系到一起，利用植物不同季节的叶、花、果等的不同特点来形成多样化的季相景观，从而营造出自然、古朴且有艺术感的庭院景观。

浙江的民居庭园大多是文人、官宦、商贾等建造的，[3]他们非常看重自身的文化修养及造园的精神寄托，需要通过景观要素体现不为名利，只追求浪漫和自由的艺术情怀，构筑表现自我、认可自我的独立理想空间。唐朝以前，造园主人对造园的要求是极尽天地之灵物，追求尽可能奢华夸张的设计风格，到了唐代以后造园思想发生了改变，追求小中见大、壶中天地的艺术境界，对造园的要求是小而精致，包含内容丰富，在狭小的范围内要有天地广阔的意境。宋朝时期，尤其南宋时期，京城迁到临安，由于浙江范围内没有受到战乱的影响或者影响较小，再加上浙江自然资源丰富，有“透、漏、瘦、皱”形态的太湖石，松木、樟木等上好的木材作为造园材料，有山地、丘陵等变化多端的地形，有湖泊、山溪等丰富的水资源，非常适合造园，尤其是山水园的营造，于咫尺之间营造广阔山河的写意，在独有的空间里打造符合主人意愿的庭院景观。所以在历史上，有学者称南宋是中国古代造园史上的巅峰时代，笔者认为这个评价是客观的，是符合历史条件的。到了明清时期，由于有了前朝的积累，在造

---

[1] 沈复 . 浮生六记 [M]. 北京：人民文学出版社 ,1999.

[2] 蒋敏红 . 网师园造园艺术手法与空间特征分析 [D]. 苏州 : 苏州大学 ,2017.

[3] 苏州市地产管理局 . 苏州古民居 [M]. 上海 : 同济大学出版社 , 2004.

园的过程中，对建筑的装饰变得更为讲究，建筑的细部要求奢华、高贵，庭院的造园意境也达到了一个前所未有的高度。

一、中国传统造园思想

美学思想对造园的表达形式有一定的影响，而美学的产生是和一定的哲学体系分不开的。儒家思想、道家思想和佛教思想是中国古典哲学思想的主要流派，因佛教园林不是本书所要研究的对象，故不做论述，仅对儒家、道家思想在园林中的应用稍做论述。

（一）儒家造园思想

儒家思想的核心内容主要是讲个人修养、伦理观念、治国平天下和理气等。如“曲江池”是唐代的大型公共园林，而且是官方修建的，为了表明皇帝对臣民的爱戴，定期向民众开放，这种做法与封建社会人民大众所理解的“天下大同”不谋而合，是儒家思想中“仁政”思想的体现。古典园林在创作中，对于个人修养方面也借鉴儒家思想，比如，《大学》中“诚意”“正心”等个人修养方面的论述，还有《孟子》中“没有规矩不成方圆”的儒家思想，等等，都在私家园林中体现出来。“智者乐水，仁者乐山，智者动，仁者静，智者乐，仁者寿”，在儒家思想中，以山水的比喻来阐述仁者、智者的特点，且“仁智”是国家推行的治理方针，而中国古典园林以山水为主，山是静，水是动，山和水在造园中结合起来能够体现出动静的结合，这与儒家学说中“以水比德”思想也是共通的。在古典园林中，尤其是江南园林中，更是大量运用山水造园，如在私家园林中挖水池、修建假山，山随水转，水绕山流。

（二）道家造园思想

古典园林在修建时的意境和情趣是所有造园师必然追求的，这种境界也受到道家思想的影响。道家思想中就有“道法自然，天人合一”的思想，古典园林中造园一般要达到“虽由人作，宛若天开”的境界，这和道家的思想很吻合。所以在江南的私家园林中通过对自然的抽象表现手段进行植物、山石、建筑的营造，用有型的亭台楼阁来比喻自然山河景象，也是对道家思想境界的向往。如《史记・孝武本纪》中有详细记载，“其北治大池，渐台高二十余丈，名曰泰液池，中有蓬莱、方丈、瀛洲、壶梁”，文中所描述的就是汉武帝在建章宫中修建一池三山的景象，山水环绕，建筑穿插其中，使园林空间布局变化多端，高低起伏，有很强的层次感和美学韵律，这也是道家思想中崇尚自然的体现。

二、浙江传统民居庭院造园的设计理念

中国人一直认为，庭院是人们牵挂和怀念的地方，这对于远离家乡的人来说尤为明显，如白居易、李清照等诗人的诗中对故居庭院的咏怀，再次说明庭院是人们牵挂和怀念的空间，也是家的象征和寄托。庭院寄托着家乡的文化，所以在中国，一代代的人们在繁衍生息、传承文化的过程中，必然会不断地建造庭院，让庭院成为根的精神寄托。

浙江传统民居庭院造园和我国其他各地园林景观相比，虽有地理优势和气候的不同，但在造园要素、造园手法等多方面却有相似之处。[1]一是造园源于自然却高于自然。中国古典园林造景的基本法则是“师法自然”，这是古代造园必须遵守的法则。每个造园师都是按照自然环境为模板进行创作的，建造了假山、水池等，自然一直都贯穿在整个造园过程之中。二是园林与建筑的融合度很高。[2]浙江传统民居庭院早已经把建筑作为景观融入整个建设过程中去，亭台楼阁等建筑不论大小体量，都要和庭院的环境融为一体，创造自然的庭院、和谐的庭院、生态的庭院。最后，浙江传统民居庭院景观传达了中国艺术。中国博大精深的历史文化在庭院景观中得到了深深的体现，尤其是山水画的艺术境界。因此，庭院不是独立的，而是把各个艺术要素进行衔接和融合，把书法、绘画等传统艺术结合起来，创造“虽由人作，宛若天开”的意境。

当然，浙江传统民居庭院景观有着中国传统园林的共性，但也有其自身独特的地方，主要体现在浙江民居庭院造园的江南园林风格明显、造景手法独特等方面。不管是庭院的造园选址还是建筑的营造，都有浙江特有的历史文化痕迹。庭院中的造园要素如花草树木、山石小品等，都和浙江文化背景是分不开的，也有别于其他园林。

---

❶ 施德法．开放大气、生态包容、精致和谐的浙派园林 [J]. 浙江园林 ,2016(2).

❷ 马东雨．园林景观与建筑的融合之美 [J]. 科研，2016,8:230.

三、浙江传统民居庭院造园的设计手法

（一）分　隔

从考察中可以发现，有些庭院面积比较大，空间尺度比较开阔，园主人在大的空间中距离感太强，从而在心理上缺乏对居住环境的亲近感，[1]所以，作为造园师或者园主人会对大空间进行分隔处理，形成不同的小空间，营造接近人们心理的亲近尺度空间，如杭州胡雪岩故居——芝园（见图 4-1）。有些庭院利用建筑分隔出不规则的形状，但由于人们的审美习惯不同，还是要利用分隔的手法再次划分空间，以满足人们审美需要。在分隔后的空间内再进行功能的界定，满足人们的需求。不管进行空间分隔的原因是什么，都要考虑庭院环境空间的整体性，分隔以后的空间不是独立的单元，而是互相有联系、有渗透的。一般来看，庭院中空间的分隔主要是用廊、乔灌木、假山、水溪等造园要素实现，这些要素既是该庭院的景观主体，又是空间分隔的要素。通过分隔处理，可以使居住者的观赏视线、安全心理行为发生无形改变。

图 4-1　芝园 建筑分隔空间

[1] 周玲玲 . 居住环境对人心理状态的影响 [J]. 大众科技，2006(3):165.

（二）过　度

一些庭院当中的建筑体量过大，对庭院空间产生压迫感，[❶]使人的注意力都集中在建筑上面，为解决这样的问题，造园师采取过度的手法进行处理。过度就是弱化建筑尺度，把建筑和庭院用其他元素衔接，以建筑为背景，在建筑的周围布置假山、树木花草等，使建筑的边界线模糊，从一定程度上减弱建筑对环境的压迫，从视觉上弱化压迫感。

（三）渗　透

相反，如果有的庭院面积不大，空间尺度较小，[❷]就需要进行“扩大化处理”，专业上称之为“渗透”，即从心理和视觉上进行改变，从而达到小尺度、大空间的视觉效果。从现有的典型庭院造园分析，其大多是利用庭院小空间和环境中其他空间进行渗透，借助周围环境，调整观赏者的视线，从而实现小尺度、大空间。这也是一种封闭空间开敞化的处理形式，一种利用环境可以暗示心理的做法。在游玩过程中，通过狭小的空间可以看到外面更大的空间，风景更美好，人们也就从心理上感受到了两个不同空间的尺度感，拓展了原有空间的范围。

通过空间之间的渗透扩大庭院小空间的做法在江南庭院园林中的应用很广泛，古典园林将以小见大的处理方法应用得炉火纯青，能够在有限的空间创造无限的空间。利用人视觉的可达性和空间之间的连通性，在建筑等实体要素上进行开口和空间的渗透，如古典园林中常见的漏窗就是形成空间渗透的经典手法。

（四）映　射

主要运用水面的镜像进行映射，可以在有限的空间里让庭院实现空间的“扩大”。水面对周围景观环境、天空等要素的自然反射，对虚的空间和实的空间进行渗透，使空间产生虚实的变化，使人产生心理的暗示。

---

❶ 吴德雯．浅析庭院空间的景观设计要素[J]．城市建设理论研究（电子版），2011(23)：23-25.

❷ 徐苏海．庭院空间的景观设计研究[D]．南京：南京林业大学，2005.

四、浙江传统民居庭院造园的意境营造

意境是景观审美的范畴，也是营造中国古典园林的精髓。意境就是使现实的实际景物通过心理、意念等行为联想到较为深刻的内涵或者深远的境界，让景观达到景有限而意无限的目的。浙江传统民居庭院造园意境的营造主要是受浙江文人士大夫独有的审美理念的影响而形成的，还有就是造园艺术手法的应用和处理。[1]因此，在审美和技艺的结合下，别出心裁的美好意境才能在浙江传统民居庭院景观中得以实现。

浙江传统民居庭院空间的意境体现在两个方面：一是对江南古典园林空间环境的无限体验，二是陶醉于中国古典园林中文人的诗情画意中。根据这两个方面，我认为意境可以分为"形而下"与"形而上"两部分内容。

意境这个层次的"形而下"部分内容主要通过中国古典园林中庭院空间的文化结构中的表象构架具体体现出来，形成具有明显文人、士大夫诗情画意的审美理念的自然人文景观。意境另一个层次的"形而上"部分主要体现在对中国古典园林庭院空间的环境无限感受上。园主人主观的空间遐想加上客观上的造园艺术表现手法，使空间的文化意象和园林景观层次更加丰富，也使有限的景观空间在"隔而不断""露而不全"中被人为地放大。

（一）审美理念

历史上浙江人的审美理念和整个中国古人既存在共性，又有差异。对自然的追求是中国古代造园的共同理念，能够表达自然的景象、表现自然生命张力的景观，就会得到更多人的喜爱。在浙江地区，可以说人们爱山水的程度就像爱护自己的生命一样，青山绿水就是造园者的生命。对自然的热爱和崇敬是浙江人的本性。从走访的民居庭院中也可以发现，如绍兴、杭州等地的民居庭院，即使是有限的空间，也要把自然之水引入进来，模仿真山造假山，实现园主人所认为的意境美。而色彩是浙江人在审美理念中与其他地区所不同的，北方人大多喜欢黄色、红色，显得大气、奔放，而南方的浙江人却喜爱简单色调的黑白灰，这些色调是内敛、含蓄的象征，也正是浙江人的性格所在。所以我们可以看到，在现有的浙

---

[1] 沈蔚．论江南园林艺术中的对比关系[J]．上海工艺美术，2006(3):80-81.

江传统民居庭院中既能体现浙江人的审美理念，也有中国人审美的共性特征。❶

（二）艺术手法

在浙江传统民居庭院景观中，造园者对意境的营造是非常在意和重视的，我认为在众多的浙江庭院景观中对意境的研究主要有两部分内容：一是意境的载体，也就是园林空间组成要素；二是园主人或游赏者在使用后所产生的联想。景观与人达到共鸣，做到“天人合一”❷。

1. 依山造势、依水造景

中国古典园林造园深深影响着浙江传统民居庭院景观的营造。对山水的应用是中国古典园林的典型特征，也是一直沿用至今的造景手法。直到现在人们也一直称呼中国古典园林为“山水园林”，这从另一个层面说明中国人从古至今非常喜欢自然环境，并对自然环境有着美好的憧憬。

人们一直希望能够生活在有山有水的园林环境中，亲身体会、感受大自然的壮丽，并在其中陶冶情操，与大自然进行灵魂上的沟通，产生无限遐想。孔子曾说“智者乐水，仁者乐山”，所以人们在同样的山水中也可以感受到不同的人格。由于主人爱好不同，庭院的景观也肯定不同。另外，人们普遍认为“山水”是君子的象征，所以，山、水元素在浙江传统民居庭院景观营造中被发挥到极致。

2. 景观设计与文化融合

浙江人对自然的审美理念作用于浙江传统民居庭院景观的营造上，而且浙江古人多崇尚诗词歌赋、绘画等文化传统，非常重视教育，整体文化水平较高，所以诗情画意的主题多体现在他们的居所庭院中。中国的书画、诗歌等都是传达美好意境的载体，也是中国的文化精髓所在。园林受到书画、诗歌等的影响，把书画、诗歌等的艺术创作手法运用到造园当中。因此在浙江民居的庭院中，不但可以看到很多匾额、对联、壁画、书法等艺术创作，还可以看到利用这些

❶ 伍国正，吴越．传统民居庭院的文化审美意蕴——以湖南传统庭院式民居为例 [J]．华中建筑，2011，29(1):84-87.

❷ 全娜．桂林旅游景点的中西审美文化差异及对策研究 [J]．广西教育，2013(19):137-138.

创作手法进行造景，如在造园当中讲究节奏、疏密、韵律、渐变等，通过艺术的处理，让人们在使用或者欣赏时产生心理上的变化，这些都是中国绘画中的技法。

3. 巧妙运用多种组景手法

浙江传统民居庭院景观在造景时还运用到多种组景手法，如对景、借景和框景、夹景、漏景等。通过这些手法的应用可以对有限的庭院景观空间进行延伸，充分利用门洞、花窗、廊柱或花木分隔等作为画框（见图 4–2），形成自然的画中景，丰富院内景观可看视角，人们在不同角度欣赏到的景色也会发生变化。为了塑造“柳暗花明”的意境，常常利用假山、置石、树群进行障景处理；在不同的庭院中，空间造园者会利用墙、窗等进行借景，引入外部空间，丰富景观深度，拓展使用者的视野。

图 4–2 杭州西湖 魏庐

五、浙江传统民居庭院造园师法自然

在浙江的传统民居中，庭院的造园艺术是中国传统造园艺术的体现，[1]本着源于自然、高于自然的想法来营造庭院景观。从古人的造园艺术和技巧上分析，浙江传统民居庭院造园艺术主要体现了师法自然、融于自然、顺应自然、表现自然等自然观，是“天人合一”思想在庭院造园中的体现，这是有别于西方园林的最大特色，也是中国造园一直持久不衰的根本所在。

（一）造园艺术，师法自然

大家都知道，中国造园艺术是要师法自然，这里主要有两层意思。第一层意思是造园的总体布局、要素组合要合乎自然规律。造园要素中的山与水的关系以及假山峰、洞等景象因素的有机组合，都要符合自然界山水形成的客观规律。第二层意思是每个山水景象要素的形象组合要合乎自然规律，即在进行假山堆叠时要仿造天然岩石的纹理、走势，减少明显的人工痕迹。若有水池，则宜做自然式水池，有弯曲凸凹，高低起伏。花木配置应有疏有密，按照植物自然群落进行布置，乔灌木搭配，追求天然植物野趣。

（二）分隔空间，融于自然

中国造园要形成各种空间，空间之间的分隔要自然，不可有明显的人为分隔的痕迹。不管用什么进行分隔，都要使其融于自然之中，表现自然。一般在造园中为了分隔空间，大多采用建筑进行围合和分隔，[2]力求从视觉上打破有限空间的局限性，为此，要处理好虚实、动静的关系，要充分利用院外空间进行借景、漏景等，造成幽深的空间境界和景物若隐若现的意趣。

（三）园林建筑，顺应自然

中国古代造园中，必然有山、有水，有堂、廊、亭、榭、楼、台、阁、馆、斋、舫、墙等建筑。人工的山石、台阶、山洞等都要体现自然的景色。人工的

---

❶ 杨松慧．文化与设计的珠璧交辉——庭院设计对中国传统文化的继承和创新 [D]．南京：南京师范大学，2015.

❷ 刘璐．中国古典园林建筑的空间界面 [J]．环球人文地理，2016(6).

水池、驳岸要曲折有致，要展现自然河湖水溪的风光。园中所有建筑，其外在形状与神态都与天上、地下自然环境相吻合，使园内景观之间自然衔接，如此则可使园林具备自然、含蓄、淡泊、恬静的艺术特色，并达到步移景异、柳暗花明、豁然开朗、小中见大等的景观效果。

（四）树木花卉，表现自然

中国传统园林当中对植物的栽植明显区别于国外的规则式种植和修剪，[1]在庭院当中，植物的种植都是按照植物本身的形态来进行的，要求具有婀娜多姿的树形、弯曲自如的树枝、姿态各异的花草等，植物造型要形神兼备，其意与境都十分注重表现自然。

五、浙江传统民居庭院造园艺术分析

（一）相地与选址

在庭院建造时最先做的就是相地，也就是按照造园的目的选择造园的地址，考察现场，分析判断用地的具体位置。王维在《山水论》中提道："凡画山水，意在笔先"，写诗作赋需要如此，造园营造也要如此。《园冶》借景篇中也提到，"目寄心期，意在笔先"，因此在设计之前，必须要有整体设计的理念，有了全局的构思和立意，做出来的园子才会有内涵，不然则观之无味。

（二）庭园布局

《画筌》中曾写道："布局观乎缣楮，命意寓于规程。统于一而缔构不棼，审所之而开阖有准。"[2]进行造园的总体设计就是布局，一方面，在整体布局合理的基础上才可以修建出精致的庭院；另一方面，布局合理可以让各景之间有合理的空间关系。《园冶》中还强调"巧于因借，精在体宜"[3]，这就需要对造园精益求精，每一个造园细节都要考虑到，一草一木、一石一水都要进行仔细推敲，

---

❶ 克劳斯顿．风景园林植物配置［M］．陈自新，许慈安，译．北京：中国建筑工业出版社，1992.

❷ 邓乔彬．笪重光《画筌》析论［J］．江苏第二师范学院学报，2001(2):79-84.

❸ 计成．园冶图说［M］．赵农，注释．济南：山东画报出版社，2010.

比如位置、朝向、高低等，只有局部和整体密切配合，修建成的园子才会更耐人寻味，才能渲染烘托园子的主题，展现园主人的意图。

（三）叠山理水

“无园不山，无园不石”，中国传统造园把山水作为最重要的造园要素，在传统庭院当中，自然山水都是微缩型的，在庭院造园时假山的营造可以让有限的空间起到小中见大的作用，在咫尺之间表达自然山林之美，达到李渔所说的“以一卷代山，一勺代水”的效果。

浙江传统民居庭院中，叠山常用的材料有太湖石、石笋石、黄石、英德石、青石等。浙北地区的庭院大多喜欢通过模拟“飞来峰”和“西湖”营造山水。南宋不少造园有通过垒石做飘逸之势，象征“飞来峰”；凿池引水，象征“西湖”。例如，吴自牧《梦粱录》卷八中记载，“高庙雅爱湖山之胜，于宫中凿一池沼，引水注入，叠石为山，以像飞来峰之景”，而《南宋古迹考》卷下《宗阳宫》记载此峰“高余丈”[1]，可见规模不大。但也有诗歌展现山景之趣味，“山中秀色何佳哉，一峰独立名飞来。参差翠麓俨如画，石骨苍润神所开”“孰云人力非自然，千岩万壑藏云烟。上有峥嵘倚空之翠壁，下有潺湲漱玉之飞泉”“圣心仁智情幽闲，壶中天地非人间。蓬莱方丈渺空阔，岂若坐对三神仙”，假山的奇妙之处就在于在方寸的空间中引入了一湖三山的大境界。因此，可以看到“壶中天地”“以小见大”和园林营造技巧的相互关系。

（四）造园建筑

浙江传统民居庭院中的园林建筑特色主要体现在三个方面：一是以厅堂为建筑主轴线，[2]按照造园师和园主人的设计意图对整体空间进行合理的规划和布局，在有限的空间内通过曲径通幽、叠山理水、丰富的建筑形式，形成不同的院落空间；二是庭院造园不同于寺院造园和皇家造园，多修建于人群集聚地，所以就要形成围合的空间，需要利用花木、假山、建筑等进行遮挡，来形成更加和谐自然的人居环境；三是通过和周边自然环境的融合，以及借用外部环境

[1] 徐燕．南宋临安私家园林考 [D]．上海：上海师范大学，2007.

[2] 伍国正，吴越．传统民居庭院的文化审美意蕴——以湖南传统庭院式民居为例 [J]．华中建筑，2011，29(1):84-87.

景观，营造具有诗情画意的庭院，达到“天人合一”的艺术境界。

（五）植物造景

浙江传统庭园中的植物造景主要以自然式配置为主，通过不同的配置方法使植物与建筑、山石、水体等其他造园要素相结合，形成虚实结合的造园空间。

在庭院中，植物的种植方式主要有三种：孤植、丛植和群植。孤植一般位于庭院角落或者主要观赏点，以形成视觉焦点。丛植在庭院中一般由二至十棵乔灌木搭配，主要展示群体美，不同的树形和叶色可以形成不同的植物群落效果。群植就是大规模种植花草树木，一般二十至三十棵，形成植物群落。群植可以是种同一种树，也可以多种树组合，同种植物种到一起，气势宏大，尤其是花卉类的树木，采用群植的方式，到了开花季节景色十分壮观，如绍兴沈园的蜡梅林，树形基本一致，花期一致，开花时形成绚丽夺目的景观。群植的手法还能划分庭院的空间，形成围合的独立空间。

第五章 浙江传统民居庭院实例赏析

第一节　胡雪岩故居——芝园

一、基本概况

胡雪岩故居位于杭州上城区元宝街 18 号，[1]始建于清朝同治十一年（1872 年），历时三年完工，该住宅具有中国传统民居的特色，其中芝园更有江南园林的典雅庄重。整个建筑南北长、东西宽，占地约 7 200 平方米，建筑面积 5 000 余平方米。整个建筑从室内家具的陈设、庭院园林的营造到用料的考究等，可以说是清末巨商的第一豪宅（见图 5-1）。[2]

图 5-1　胡雪岩故居文保碑

❶ 张泉滨 . 胡雪岩故居 [J]. 建筑，2012(15):74-75.

❷ 王雯娟 . 杭州 夜航运河寻梦 游玩晚清豪宅 [J]. 风景名胜，2014(12):20.

古宅中的芝园（见图 5-2）具有典型的江南园林的特点，小桥流水、假山、树木、亭台楼阁，无一不是精品，尤其是假山溶洞，在江南很少见到。故居中的庭院天井包含了古典园林中的造园要素，步移景异，布置巧妙，引人入胜。整个故居雕梁画栋，石雕、砖雕、木雕形象精美，寓意深远，还有董其昌、郑板桥、唐伯虎、文徵明等名家的书法碑刻，都具有很好的珍藏价值和欣赏价值。

图 5-2　芝园入口

芝园这个名称的来源主要有两种说法：一种说法是源自胡雪岩的父亲胡芝田，取其名字中的一个字以示纪念，故取名芝园；另一种说法是当时胡雪岩请设计师设计时，对设计效果很满意，设计师的名字叫尹芝，故取名芝园以示纪念。然而这两种说法都无从考证，仅仅是从各类资料查找中发现的。

二、造园赏析

从正门进入胡雪岩故居，可以看到雕刻精美的砖雕门楼，沿着游览路线，明廊暗弄、门窗精美木雕的各类厅堂，步移景异地映入眼帘，整体布局空间处理手法灵活巧妙。西区主要是芝园，也是胡雪岩故居中最为精致的园林部分。芝园是典型的江南园林，山水布局得体，该园以水为中心，水中设置亭桥，周围各类亭台、楼阁，假山因势造型、层次丰富，把江南园林的风格尽情展示。

芝园假山多为太湖石，假山布置有置石、假山和特置等形式，并随庭院布局形式变化而变化，假山溶洞、山上小路等奇特多变，不拘一格，具有很强的假山艺术效果，能够以假乱真。芝园中最大的假山，目测高度达 16 米左右，假山之中还隐藏着一座目前国内最大的人工溶洞，溶洞分为“悬碧”“皱青”“滴翠”“颦黛”等 4 个小溶洞，因该假山是太湖石假山，太湖石的标准是“瘦”“皱”“漏”“透”，溶洞的风格恰好和太湖石的选择标准相吻合，所以不得不说京城造山大师手法的高明，把灵隐飞来峰浓缩到庭院之中，可谓如诗如画。如图 5-3 至图 5-6 所示。

该处的太湖石摆放在东西四面厅中间的庭院，配置竹子、红花檵木球、书带草等植物，太湖石的“瘦”“漏”“皱”“透”的特征明显，此处的空间体量、位置等都具有很好的意境。

在胡雪岩故居中随处可见框景的处理手法，从门洞望出去，可以看到假山，而不是白墙，此处假山石既是镶隅的做法，又是景观点缀，给人耳目一新的感觉，帮助缓解游人的视觉疲劳。如图 5-7 至图 5-23 所示。

图 5-3　胡雪岩故居 芝园 假山

图 5-4　胡雪岩故居 芝园 假山

图 5-5　胡雪岩故居 芝园 假山洞

图 5-6　胡雪岩故居 芝园 粉壁置石

图 5-7　框景

图 5-8 框景

图 5-9　小桥

图 5-10　湖石假山 山洞

图 5-11　庭院一角假山

图 5-12　胡雪岩故居 芝园天井 庭院

图 5-13　芝园建筑

图 5-14　芝园局部水景

图 5-15　庭院铺装

图 5-16　庭院植物 罗汉松

图 5-17　庭院铺装纹样

图 5-18　汀步

图 5-19 框景

图 5-20 芝园邻水建筑 红木厅

图 5-21　假山 驳岸

图 5-22　御风楼

图 5-23　亭桥

第二节　杭州西湖郭庄

一、基本概况

郭庄位于杭州西湖区杨公堤28号，为浙江省重点文物保护单位。如图5-24所示。

图5-24　郭庄 正门

郭庄与西湖的曲院风荷相邻，它最早的主人是杭州丝绸商人宋端甫，于清朝光绪三十三年（1907 年）修建，称为“端友别墅”，俗称宋庄。在光绪年间，宋端甫将其卖给丝绸实业家郭士林，因郭士林籍贯汾阳，改称“汾阳别墅”，俗称郭庄，一直沿用至今。后来，郭庄几经易主，园内荒废，20 世纪 90 年代初才被修复并开放。如图 5-25 所示。

图 5-25　郭庄 文保碑

二、造园赏析

郭庄沿西湖而建，整体上呈长方形，比较狭长，从布局上看，可以分为住宅、内池、外池三个部分。[1]

郭庄整体面积不大，但园林景观丰富，具有鲜明的特点。在西湖边上，郭庄是借景手法运用得最好的一处私家园林，很好地利用了西湖的水之美、山之美、塔之美，院内园林的营造也是处处精彩，通过假山、建筑、水池等景观相互渗透，融为一体。如图 5-26 至图 5-41 所示。

---

[1] 顾凯 . 江南私家园林 [M]. 北京：清华大学出版社，2013.

三、景观要素赏析

（一）郭庄之山水赏析

图 5-26　假山

图 5-27　静池

图 5-28　假山

（二）郭庄之建筑赏析

图 5-29　框景

图 5-30　浣池

图 5-31　景苏阁

图 5-32　廊

图 5-33　赏心悦目亭

（三）郭庄之植物赏析

图 5-34　植物景观

图 5-35　植物景观

（四）郭庄之铺地赏析

图 5-36　铺地景观

图 5-37　铺地景观

（五）郭庄之匾联赏析

图 5-38　郭庄梓翁亭 匾额

图 5-39　卷舒自如亭 匾额

图 5-40　景苏阁 匾额

图 5-41　景苏阁对联

第三节　杭州西湖魏庐

一、基本概况

魏庐（见图 5-42），又名惠庐，位于杭州西湖区花港观鱼景区的花港公园西侧，南面紧邻牡丹园，北面是孔雀园，且三面种满竹子，被翠竹环抱，是个很别致的庭院，系经易门建于 20 世纪 40 年代，占地面积约 2000 平方米，现为“西湖壹壹叁捌”，是杭州万事利集团旗下的高端商务餐厅。

图 5-42　魏庐入口

二、造园赏析

沿苏堤逛至花港观鱼，再步行穿过花港公园，顺着指示牌即可到达魏庐的正门，遒劲的“魏庐”二字映入眼帘。正门两旁柱上有一副对联：蓼港环庐苏杨堤送六桥翠，芳园连界姚魏丛分一带红。古典园林中的对联十分的应景，一副对联就完整呈现了魏庐的景观之美，对桥、堤、湖、植物等全部景色进行了点题，衬托出魏庐的庭院之美。

庭院不大，但是很别致，建筑错落有致，假山、小池、回廊、梅花、竹子、松树布置得宜。魏庐是典型的山水庭院，整个庭院以水为中心，四周建筑围绕，廊、亭、厅、楼连接，绕水一周，步移景异，可在亭中赏花看景，内外景色尽收眼底，宛如画境。魏庐的庭院真正体现了“天人合一”的理念，把人、建筑、自然景观融为一体。如图 5-43 至图 5-51 所示。

图 5-43　魏庐建筑

图 5-44　魏庐建筑

图 5-45　魏庐建筑

图 5-46　魏庐建筑

图 5-47　植物

图 5-48 植物

图 5-49 植物

图 5-50　廊

图 5-51　寻梦轩

第四节　杭州西湖拚水园

一、基本概况

拚水园（见图 5-52、图 5-53）原为无锡人廉惠卿的别墅，名小万柳堂。后归南京藏书家蒋苏庵，更名为兰陔别墅，俗称蒋庄。主楼建于 1901 年，东楼于 1923 年建成。

整座庄园紧邻小南湖，是典型的前堂后园，建筑采用钢筋混凝土结构以及为中西结合的风格，庭院造园则运用传统造园手法，别具特色，是西湖著名的庭院之一。

拚水园的主体建筑为中西结合的两层楼房，面阔三间，通面宽 15 米，通进深 12 米，单檐歇山顶。四周为回栏挂落走马廊，与西楼相接。东楼正面重檐，南北为观音斗式山墙。主楼于 1990 年修缮，由于国学大师马一浮先生曾在此居住过 10 余年，现辟为马一浮纪念馆，对外开放。

图 5-52　拚水园入口

图 5-53　蒋庄文保碑

二、造园赏析

揞水园位于花港观鱼景点的东南端，是园中之园，南临南湖，西枕西山，北靠西里湖。揞水园是按照有野趣、贵清新的原则进行设计的，在长桥与粉墙之间留出部分湖面与苏堤相接，在湖边广植垂柳；南面与湖水相接，不设围墙，仅布置栏杆，借小南湖和荔枝峰入景，视野开阔，一年四季尽可观赏西湖的不同景色。

在建筑北面堆土栽树、筑墙植竹，以显示园林主人“宁可食无肉，不可居无竹”的高洁追求。从整体上看，揞水园把园内的景观和西湖的景观融为一体，借西湖山水增添院内景观，达到“两面长堤三面柳，一园山色一园湖”的极佳艺术效果。见图 5-54 至图 5-67。

图 5-54　置石

图 5-55　庭院局部

图 5-56　鹅卵石铺地

图 5-57　马一浮纪念馆

图 5-58　置石

图 5-59　院落植物

图 5-60　假山

图 5-61　假山水池

图 5-62　亭

图 5-63　拱门

图 5-64　漏窗

图 5-65　景墙

图 5-66　景墙

图 5-67　寂照亭

第五节　绍兴青藤书屋

一、基本概况

青藤书屋是中国明代杰出的文学家和艺术家徐渭的故居，位于浙江省绍兴市前观巷大乘弄 10 号。该处建筑是明代建筑，被国务院批准列入第六批全国重点文物保护单位名单，也是一处颇有中国园林特色的中国传统民居建筑。

青藤书屋主要以三间平屋为主体建筑，坐北朝南，书屋的东面有一个园子，种植芭蕉、石榴、葡萄等植物，在书屋的南侧有一个圆形洞门，里面有一个水池和一棵青藤、一棵蜡梅，园门上有“天汉分源”的字样。

该书屋的占地面积不大，但却精致、优雅，是一座充满文人园林特色的建筑。

二、造园赏析

青藤书屋正门没有豪门的气派，没有砖雕门楼，也没有木作装饰，实用而简洁，和徐渭的一生有几分相似（见图 5-68、图 5-69）。

图 5-68 青藤书屋文保碑

图 5-69　青藤书屋正门

青藤书屋有两三间平屋，有一个小院，有山有水，有曲折小路，有徐渭所喜爱的青藤、芭蕉、竹子等植物，书屋所占面积不大，但却精致、优雅，是一座充满文人园林特色的建筑。书屋平面图如图 5-70 所示。

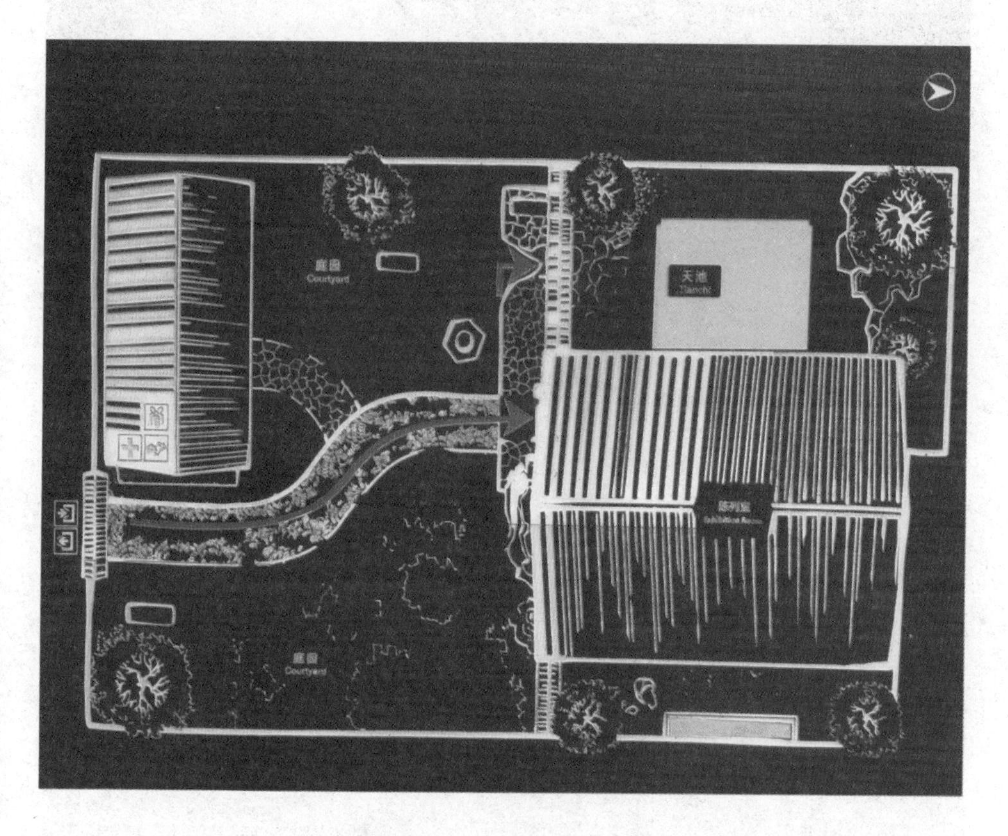

图 5-70　青藤书屋平面图

墙边堆置假山，种芭蕉、南天竹，墙上书“自在岩”，咫尺之地尽显主人之豪放粗犷（见图 5-71）。

“宁可食无肉，不可居无竹”，作为文人的徐渭对竹子情有独钟（见图 5-72）。

图 5-71　青藤书屋庭院

图 5-72　竹林

书屋花格木窗外修一方池，徐渭曾称“此池通泉，深不可测，水旱不涸，若有神异”，将其命名为“天池”（见图 5-73），并以“天池”作为自己的别号。池中柱子刻有“砥柱中流”，据传乃徐文长亲笔，那“流”字掉进了水里，不能辨识。池上方的一幅木刻楹联倒是颇具老庄味道：“一池金玉如如化，满眼青黄色色真。”

“天汉分源”四字是文长手笔，颇有风清骨峻之气，呼应了右侧高高山墙下那一隅散淡无为的“自在岩”，如图 5-73、5-74 所示。“自在岩”是他自己的真实写照，就算一生孤寂坎坷、生活潦倒，也要寻自在。

图 5-73　天汉分源

图 5-74　园路

院子清净、寂寥，难得有游人来，房子不大，隔窗外是小小天池，上有藤萝缠绕，苍翠而充满古意，但也透着凄凉和落寞。

“几间东倒西歪屋，一个南腔北调人”，这是一副徐渭用来自嘲的对联，让后人读来感叹不已……

第六节　湖州南浔颖园

一、基本概况

南浔颖园（见图 5-75）是南浔俗称“八牛”之一的清朝陈熊的住宅花园，位于湖州市南浔区南浔古镇便民街的皇御河畔，始建于清朝同治元年（公元 1862 年），于光绪六年（公元 1875 年）落成，系南浔镇文物保护单位。

二、造园赏析

颖园内古木葱郁，有百年以上的广玉兰、香樟和紫藤等。楼、阁沿池而筑，太湖石假山堆垒，错落有致，曲径通幽，可拾级登临。“赏月楼”出挑在荷花池一侧，楼边有一排紫红木的玻璃长窗，画梁雕柱，古色古香。池的另一侧筑有一幢乌瓦粉墙的“养心榭”，原为园主吟诗作画之处。“玉香阁”也建于池西，为砖瓦木结构的建筑，线条洗练，别具匠心，若登临楼上可饱览园中景色。更吸引人的是园中假山上有一座精巧的梅石亭，亭中有一块珍贵的梅石碑，碑高138厘米，宽79厘米，碑上的梅石图为清代著名书法家王礼(公元1813—1879年)晚年的力作，刀法苍劲，乃石雕中之上品。石碑落款为“拟汉阳太守孙雷居士笔法，乙亥立秋前三日自蕉研立王礼作”。

图5-75　颖园入口

颖园还以各种雕刻为特色，有砖雕、石雕、木雕等，至为珍贵，几乎是一个小型雕刻艺术馆。例如，“养心榭”的门窗上是一幅幅刀法精湛、造型逼真的黄杨木雕，每幅均有名人书法。其中的《耕织图》描绘男耕女织的场景，粗犷与细腻结合，形象栩栩如生。原陈氏会客的“清风片”的落地长窗上，尚保存着部分《西厢记》黄杨木雕。该厅的两侧还有石雕、漏窗嵌镶在砖墙之中，既有艺术之美，又通风透气。见图5-76至5-81。

图 5-76　假山

图 5-77　假山

图 5-78　曲桥

图 5-79　水池

图 5-80　石桌椅

图 5-81　漏窗

第七节　杭州汪宅

一、基本概况

汪宅位于杭州望江路266号，现为杭州市方志馆，在胡雪岩故居北门正对面，前身为杭州市第三批文物保护单位和杭州市第四批历史建筑（见图5-82）。

图5-82　汪宅文保碑

汪宅大门，南宋时该地原为秦桧宅第，赵构退位后建德寿宫居于此，称北宫，汪宅是其中的一部分，据说1853年已建有宅院，后经汪氏扩建成现有规模。

汪秉衡是胡雪岩药房的账房先生，据说他主持完成了胡宅的兴建后对胡雪岩说："还有一点剩料我拿去搭一陋屋。"只是令胡雪岩没想到的是，"陋屋"建成，却俨然深宅大院。当年的汪宅前有大院、后有花园，建筑物鳞次栉比，用料十分考究，各种牛腿、砖雕、木雕美轮美奂。花厅前还有亭台楼阁，天井地面铺有鹅卵石，匹配有假山、石笋，还种有三丈高的白玉簪花等树木。2004年，曾因居民用电不慎引发大火，导致汪宅近半被烧毁，精美木雕在熊熊烈焰间付之一炬，虽经过抢救性恢复，但终究已无旧味。

二、造园赏析

汪宅后园林景观多为现代修复建造，虽没有当年的盛况，但也有一定景观节点值得欣赏，如植物搭配、山石花台、白墙等，再加上花街铺地的铺装效果，虽然该园为后期修建，没有原始的韵味，但依然具有江南园林的基本要素，设计中透露出私家园林的精巧和秀美。如图5-83至图5-95所示。

图5-83　植物配置

图 5-84　建筑立面

图 5-85　铺地景观

图 5-86　亭

图 5-87　铺地景观

图 5-88　香远亭

图 5-89　石凳

图 5-90　古井

图 5-91　后院出口

图 5-92　框景

图 5-93　花台植物

图 5-94　雕刻

图 5-95　雕塑

第八节　新叶古村双美堂

新叶古村位于浙江省建德市西南大慈岩镇，距大慈岩风景区 6 公里，距建德城区新安江 30 公里，通过 330 国道可到达村里。新叶古村始建于南宋嘉庆年间（公元 1208 年），距今已有 800 多年历史。总体格局独特、建筑风格典型且保存完好，保存着 16 座古祠堂、古大厅、古塔、古寺和 200 多幢古民居建筑。

双美堂建于民国初年，坐南面北，宅主属崇仁堂派，是当时村中七大乡绅之一。从建筑风格上看，双美堂是典型的徽派建筑。八字形大门楼和八字形墙上的壁画、回回格都显示了古建筑的美学特点，彰显了主人的高贵和富有。双美堂是对合型建筑，由正房、侧房、前花园、后花园等组成。双美堂前花园墙上的“福”字是个意形字，一边是鹿，一边是鹤，代表着福、禄、寿、喜，上面是一朵象征富贵的牡丹，整幅图案构成富贵万福之意。

大门的上方写着“耕读传家”四个字，这是这家主人治家的座右铭，道出了主人治家、发家之道，即抓好农耕，发展经济，培养子弟，读书进取。天井在古建筑中主要起采光的作用，但又有另外一层意思。天井可以使整座房屋的水向内流，叫“四水归一”，按金、木、水、火、土五行之数，水代表财，“四水归一”意喻着财源滚进、四季发财。天井四周四根柱子是四种不同的木料，分别是柏木、梓木、桐木、椿木，意喻着百子同春、人丁旺盛。天井的雕刻很精细，牛腿由八洞神仙组成，有九赐宫、百寿图等，四周是牡丹图案，又称为“牡丹厅”。如图 5-96 至 5-100 所示。

图 5-96　双美堂正门

图 5-97　庭院局部

图 5-98　树池花台

图 5-99　水池

图 5-100　双美堂

第九节　兰溪长乐古村和园

长乐古村位于浙江省兰溪市诸葛镇旁，历史悠久，古朴宁静，村中保存完好的明清古建筑有 300 多间。该村落四面有山，是群山环绕的风水宝地，是古人心目中最适合居住和繁衍生息的地方。

和园为该村主任金氏药商大宅的后花园，当年朱元璋屯兵时曾居住于此。该园主要有两栋建筑，即聚英堂与养和斋。院落之中有一方形水池，青砖铺地，假山石点缀其中，种植桂花、竹子等植物，简单的园林要素，很朴素的组合，也体现村民古朴之意。

来到和园门前，可以看到一个介绍牌，简要地介绍了和园的基本情况。由于历史资料的缺失，笔者没有查到有关和园的其他资料，仅能从导游的介绍和一些零星的资料中了解一些该园的历史，真实的情况还需进一步的历史考证或其他佐证材料。

和园的大门是后期翻修重建的，真正的大门在后院，门口的一对抱鼓石雕刻生动，为原宅遗留之物。如图 5-101 所示。

图 5-101　和园正门

进门之后顺着青砖小路走去，径直看到一座假山石矗立在建筑白墙之前，配以竹子、铁树，可谓粉壁置石，只是被凌乱的杂草遮掩，略显荒废。如图5-102所示。

图5-102 青砖铺地

院中一方形水池静静地坐落在角落里，四周石栏杆围合，和园子的规整式设计较为吻合，没有假山块石驳岸，也没有流水瀑布，仅是普通的水池，实用而不奢华，再次体现了朴素风格。如图 5-103 所示。

图 5-103　方形水池

院中的路简单实用，将八卦镶嵌其中，联系朱元璋屯兵于此的历史，令人不由想到当年军师刘伯温为朱元璋打天下的才干和谋略。如图 5-104 所示。

图 5-104　铺地景观

聚英堂是朱元璋召集大将、谋士商议攻打婺州策略之处，该建筑的结构是长乐村典型的楼上厅建筑结构。如图 5-105 所示。

图 5-105　聚英堂

聚英堂前有一对下马石，如图 5-106 所示。

图 5-106　下马石

真正的大门在这里，只有重大事情才会打开此门。如图 5-107 所示。

图 5-107　大门

从养和斋出来，可以看到院中的景色。如图 5-108、图 5-109 所示。

图 5-108　框景

图 5-109　植物配置

第十节　蔡宅玉树堂

玉树堂建于清朝乾隆年间，仿照金华驿址形制构造，俗称上下厢。因其主人是苏州师爷，故有苏式建筑元素。大门牌楼式，歇山顶，进门两米余设第二重门。两面围墙将四合院天井一分为三，围墙中部设圆洞门，洞门两侧设砖砌格子花窗。玉树堂现为东阳市文物保护点。

玉树堂是典型的园中园，透过两个圆形拱门可以看到两个园子，具有苏州园林的风格，在东阳难得一见。院子铺满卵石，并有图案，寓意丰富。如图5-110至图5-117所示。

图 5-110　玉树堂入口

图 5-111　景墙

图 5-112　庭院局部

图 5-113　鹅卵石铺地

图 5-114　铺地纹样

图 5-115　铺地纹样

图 5-116　铺地纹样

图 5-117　拱门

第十一节　宁波虞氏旧宅

虞氏旧宅位于浙江省宁波慈溪市洽卿路 17 号，系宁波帮代表人物虞洽卿赴上海经商发迹后在家乡营造的中西合璧庭院，整个建筑集中国传统建筑和西方建筑艺术于一体，规模宏大、风格独特、工艺精湛，代表了当时建筑工艺的较高水平，是中国优秀的近代建筑。2001 年 6 月 25 日，龙山虞氏旧宅建筑群作为近现代重要史迹及代表性建筑，被国务院批准列入第五批全国重点文物保护单位名单。如图 5-118、图 5-119 所示。

图 5-118　虞氏旧宅文保碑

图 5-119　砖雕门楼

虞氏旧宅坐北朝南，现存主体建筑共五进，前后两部分建筑由一条通道相隔，形成相对独立的两个整体。建筑布局以一条中轴线贯穿始终，左右对称、错落有序、层次分明、形分气连、过渡自然，是近代建筑中中西合璧的成功范例。如图 5-120 至图 5-128 所示。

虞氏旧宅由相对独立的两部分共五进建筑组成，通面宽 59 米，通进深 94 米。前三进于 1916—1919 年建成，为传统的木结构建筑，由大门三间、厅堂九间二弄、后楼九间二弄、左右厢房各两间等构成。后二进于 1926—1929 年建成，为西洋式建筑，每进九间二弄，以新古典主义风格为主，同时又博采众长，形式不拘一格，明显地体现出中国传统建筑的风格，是整个虞氏旧宅的主体建筑和精华所在。前后两部分之间以一条宽 3.5 米的长弄相隔，前窄后宽，形似“吕”字。

图 5-120　砖雕

图 5-121　庭院

图 5-122　庭院

图 5-123　庭院古树

图 5-124　庭院植物

图 5-125　桂花

图 5-126　庭院铺地

图 5-127　木雕

图 5-128　木雕

第十二节　绍兴沈园

一、基本概况

沈园位于浙江省绍兴市，是宋代著名的私家园林，初建于公元1130—1140年，占地50余亩（1亩=0.00066平方千米）。该园的主人是南宋时期的一位沈姓商人。沈园目前是国家5A级景区，也是绍兴市保存至今的宋代园林。如图5-129所示。

图5-129　沈园入口

沈园主要分为东苑、南苑和北苑三个区域，地形上西高东低。东苑的景区以陆游、唐婉的爱情典故为主线，浪漫、精致；南苑主要为纪念馆；北苑有很多宋代遗迹。整个园中建有亭台楼阁等建筑景观，形成沈园十景（断云悲歌、诗境爱意、春波惊鸿、残壁遗恨、孤鹤哀鸣、碧荷映日、宫墙怨柳、踏雪问梅、诗书飘香和鹊桥传情）。

如今的沈园是根据考古挖掘以及历史记载复建而成的，其基本保留了宋代园林的特点，园中的景色四季不同，各有特色，桃红柳绿、莺飞燕舞、杨柳依依，加上感人的爱情故事，吸引众多游人参观，堪称江南名园。

二、造园分析

（一）山水为主，错落精致

绍兴是典型的江南水乡，沈园之中对水系的应用更是达到了极致，整个园中以水为中心，打造山环水绕的自然景观。通过园林建筑、山石小品、植物搭配等在水边、岸上进行布置，增加了园林景深，突出了景观主体，处处皆为观景点。例如，北苑之中的孤鹤轩，其作为水边的台榭和视觉的中心，观景效果良好。又如，东苑的假山和水面的完美结合，其利用假山、水体的环绕，按照自然形态进行布局，既扩大了水面，又提高了景观效果，达到步移景异、移步换景的目的，还起到增加假山体量和水面景深的视觉效果。

（二）文化为主，诗文造园

沈园墙上的《钗头凤》独有的爱情故事让沈园流传数百年，是其他私家园林不能达到的。至于沈园的建造主人对造园的理念有什么初衷，现在已经无从考证，但是这则流传千古的爱情故事和催人泪下的诗词就是文化的象征。其不仅在古籍中有记载，而且在园中依然还有遗迹保留。不得不说正是这些文化因素，使沈园百年不衰。

三、景观要素赏析

（一）沈园之建筑

园内的建筑如图 5-130 至图 5-135 所示。

图 5-130　亭

图 5-131　榭

图 5-132　楼

图 5-133　四角亭

图 5-134　茅草亭

图 5-135　廊

（二）沈园之山水

园内的山水如图 5-136 至图 5-139 所示。

图 5-136　置石

图 5-137　假山、水池

图 5-138　水中汀步

图 5-139　太湖石置石

（三）其他园林小品

其他园林小品如图 5-140 至图 5-143 所示。

图 5-140　桥

图 5-141　碑刻

图 5-142　石塔

图 5-143　小桥

沈园是整体布局独特、文化内涵丰富的园林，其在江南私家园林中独树一帜，是宋代园林的典型范例。游赏沈园，再一次见证不朽的爱情篇章，诗词感人泪下，成为千古绝唱，使沈园成为具有人文美特色的江南园林。沈园之所以流传百世，主要依赖文化，园林和文化相辅相成，相得益彰。从沈园的建筑、山水、植物等来看，其美感和技艺特色都具有较高的水平，观赏价值十分巨大。

第十三节　绮园

一、基本概况

素有“浙江第一园林”“全国十大名园之一”的绮园坐落于浙江省嘉兴市海盐县，因该园主人姓冯，故又被称为“冯氏花园”，是典型的江南私家园林，也是浙江省现存最大的私家园林。该园修建于清朝同治九年，冯缵斋在原址修建房屋三进；同治十年，冯缵斋结合其岳父黄燮清所建的拙宜园、砚园两园的精华部分修建园林，命名为“绮园”，有“妆奁绮丽”之意。该园占地约 10000 平方米，水面约占全园的五分之一，古树名木众多。造园风格取江浙私家园林的精华，叠山理水，水面聚散结合，山水相随，整个园林十分巧妙地应用了“因地制宜、水随山转、山因水活”的造园理论。如图 5-144 所示。

图 5-144　绮园入口

2001 年，绮园被列为全国重点文物保护单位。2014 年，绮园被评为国家 4A 级旅游景区。

二、造园分析

苏州的古典园林大多通过廊道、建筑等进行空间的划分，形成曲折变化的游览路线，然而在绮园之中更多的是山水意境的体现，并没有廊道，或者有很少的建筑，仅有的建筑也是起点缀作用，因此在绮园中主要展示的是山池景观。该园的北部有一个大水池，其长宽相仿，基本呈正方形，高大的古树名木与水池交相呼应。

绮园的假山把空间分成前后两部分，假山的布局形式控制全园，形成前山、中山和后山。假山错综复杂的平面形式和立面的地形高低起伏，使游人在山中的小径行走具有与影随行、步移景异的空间感受，更有山重水复的豁然之感。

绮园的古树名木众多，造型奇特，具有“古”“多”“纯”的特点。著名的有古皂荚树、古藤、古银杏树等。这些古树不仅具有观赏价值，还有生态、历史等价值，因其具有不可再生性，所以被称为有生命的遗产。

三、造园要素赏析

绮园的造园要素如图 5-145 至图 5-153 所示。

图 5-145　假山

图 5-146　植物配置

图 5-147　点缀建筑

图 5-148　小桥

图 5-149　自然水面

图 5-150　石板小桥

图 5-151　置石

图 5-152　滴翠亭

图 5-153　拱桥

第十四节　莫氏庄园

一、基本概况

平湖莫氏庄园，位于浙江省嘉兴平湖市，建于清朝光绪二十三年（1897年），是江南六大厅堂（莫氏庄园、网师园、采衣堂、卢宅、退思园、春在楼）之一，也是清代商人莫放梅的私人庄园，现在是全国重点文物保护单位（见图5-154）、国家 3A 级旅游景点。

该庄园占地约 7 亩（1 亩 =0.000667 平方千米），建有房屋 70 余间，整个庄园用 6 米高的风火墙围绕，形成封闭式传统建筑群。所有建筑都是砖木结构，小巧精致，布局合理紧凑，具有江南传统民居的特色。

图 5-154 莫氏庄园

整体建筑结构呈现左右对称、前后错落、坐北朝南的格局，因该宅院沿街而造、临河修建，其地理位置选择非常讲究，符合古代造房的理念。庄园内除应有的厅、堂之外，还设有东花园、后花园、前花园，在花园中布置山石水池、点缀园林建筑、种植花草树木、修建园路，形成曲折有致、步移景异的景观效果。

二、造园分析

莫氏庄园建有三座花园，分布在建筑不同的三个庭院之中，小而全，形式丰富。一山、一水、一路无不精致，处处成景，如诗如画，居者赏心悦目，游者无不赞叹。建筑结构采用常见的穿斗式和抬梁式梁架结构，雕梁画栋，砖雕、木雕刀法细腻、雕刻精美，和院中景物相互映衬、相映成趣。

东花园位于庄园的东侧偏南位置，因原有景致被破坏，现存的花园是后期修建的，按照莫氏后人回忆原样进行复原，修建所用的材料都是收集自清末的旧物，尽量保持清代的风格。

前花园在西侧书房的南面，建有假山、水池，种植了桂花、梅花等名贵花木。山石水池植物相互错落，山石形态各异，池畔花木围绕，小巧玲珑，颇有情趣，有典型的以小见大、咫尺山林的古典园林风格。

后花园在西侧书房的后面，紧邻“清风明月之廊”。该庭院砖雕匾额，刻有

“拈花”二字，出自“拈花一笑”禅宗的一个故事。该园中有一座假山，将庭院进行分隔，形成不同的空间，建有曲廊，形成曲径通幽的意境。山上栽植桂花、黄杨等树木，墙边有蜡梅、芭蕉，墙上古藤攀附其上。院子虽小，景色多样，置身其中，情景交融，意境深远，有禅意，也有乐趣。

三、造园要素欣赏

莫氏庄园造园要素如图 5-155 至图 5-166 所示。

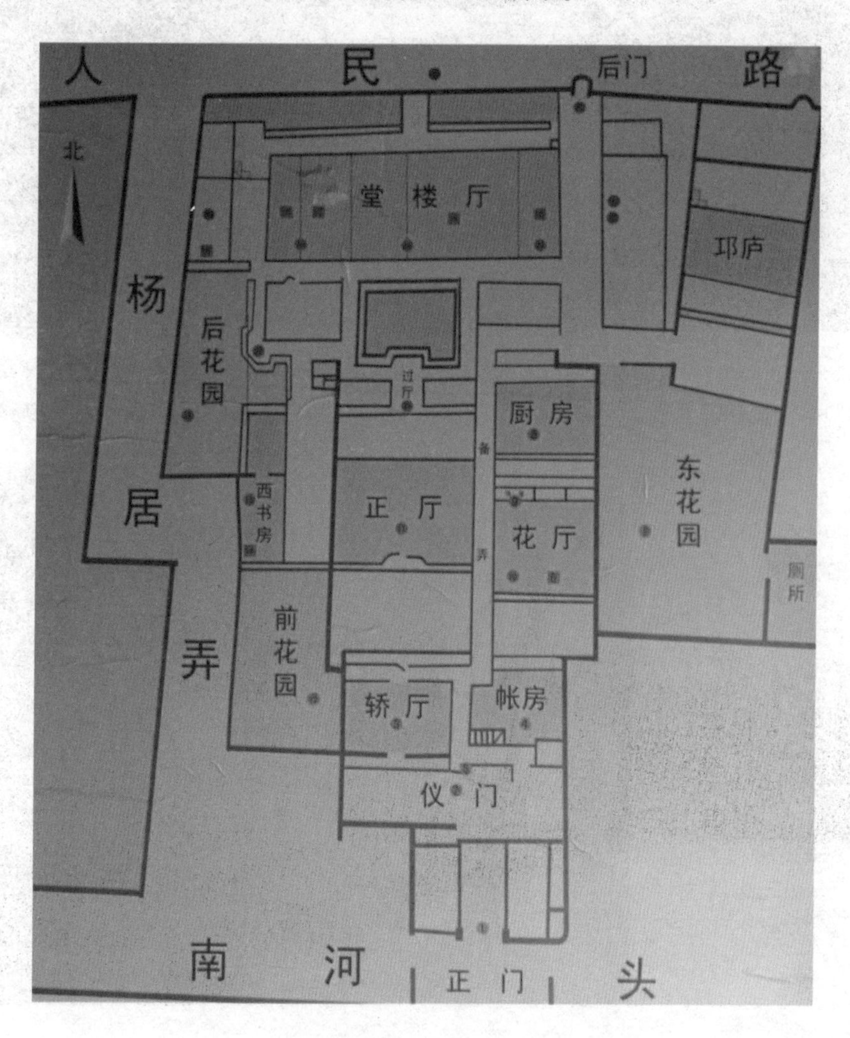

图 5-155 莫氏庄园平面图

图 5-156　花园局部

图 5-157　太湖石花台

图 5-158　假山

图 5-159　小桥

图 5-160　植物配置

图 5-161　建筑

图 5-162　铺地

图 5-163　砖雕门楼

图 5-164　花园鸟瞰

图 5-165　庭院铺装

图 5-166　水池假山

第十五节　宁波天一阁

一、基本概况

宁波天一阁，位于浙江省宁波市，建于明朝嘉靖四十年（1561 年）至四十五年（1566 年），兵部右侍郎范钦主持建造，是中国现存较早的私人藏书楼。占地 2.6 万平方米，现为全国重点文物保护单位、国家 5A 级景区，阁楼为木结构硬山顶建筑，楼前有一水池，名为“天一池”，主要用于防火，其次是园林景观。清代范钦后人围绕水池进行堆叠假山、修建亭子、种植花木，已初步具有私家花园的风貌，这种布局形式被后期其他藏书楼所借鉴。

二、造园分析

天一阁庭院景观主要分为两部分：一部分是天一阁前的庭院，另一部分是东园。天一阁前的庭院，按照“福、禄、寿”作为总体规划，利用山石造型堆叠成“九狮一象”，形成独具风格的山石景观。东园建有亭台楼阁、假山水池等，以明池、假山、长廊、碑林、百鹅亭、凝晖堂等作为主要观景点，其占地约10亩。

从整体上分析，天一阁造园布局构图自然、回环曲折，院子层次变化多，在空间上形成大小、虚实等变换，完整而富有韵律感。因此，对自然追求较高、挖池堆山式的自然山水园林，更具诗情画意。在景观和观景方面，其位置上处于制约关系。在景观中行走，不经意间你也就成了别人的景观，与周围景观融合在一起。其中，各个观景楼阁使用全敞开的设计，游者可随视角辐射到各个景观。风景与视线是紧密联系的，要求有戏剧性的安排和音乐般的节奏，既有起景、高潮、结景空间，又有过渡空间，使空间主次分明，开、闭、聚适当，大小尺度相宜。天一阁在造园中采用比拟联想的手法，摹拟自然山水风景，创造“咫尺山林”的意境，使人有“真山真水”的感受，从而联想到名山大川、天然胜地。同时，使散置的山石有平岗山峦的感觉，使池水有不尽之意，犹如国画。一方面，运用植物的姿态、特征，给人以不同的感受，产生比拟联想。天一阁在不同地方种植有“岁寒三友”之称的“松、竹、梅”，在园林绿地中适当运用，增加意境。另一方面，运用园林建筑、雕塑造型产生的比拟联想，包括风景题名、题咏、对联匾额、摩崖石刻所产生的比拟联想，门厅之上题名、题咏、题诗能丰富人们的联想，以提高风景游览的艺术效果。

三、造园要素赏析

天一阁造园要素如图 5-167 至图 5-178 所示。

图 5-167　方形水池

图 5-168　东园水池

图 5-169 小桥

图 5-170 百鹅亭

图 5-171　假山

图 5-172　假山、水池、建筑结合

图 5-173　尊经阁

图 5-174　假山置石

图 5-175　池中假山

图 5-176　四角亭与长廊

图 5-177 四角亭

图 5-178 “九狮一象”假山

第十六节　其他民居庭院

一、东阳下石塘德润堂

德润堂位于浙江省东阳市六石街道枫树下村下石塘，建于清朝乾隆年间（公元1736—1796年），距今240多年，是浙江省文物保护单位（见图5-179）。德润堂总占地约3 600 平方米，整个建筑群由门楼、厅堂、厢房、耳房等构成，总共建有房屋79间。房屋平面布局呈棋盘状，房间分布在5条纵轴和3条横轴线上。

德润堂为古色古香的木结构房子，其建筑构件上有技术精湛的木雕、石雕、砖雕，还可以在墙上依稀看到精美壁画和书法。整个布置构思别出心裁，众多院落井然有序。宽敞明亮的走廊，大约400多米长，[1]将全部房屋连接在一起。该座建筑结构紧凑、节约用地、功能齐全、日照充足、通风良好，真是巧夺天工，令人叹为观止。

庭院基本都是长方形结构，排水系统设计合理。据当地村民介绍，不管下多大雨，都不会积水。该庭院简洁实用，没有山石树木，却有精美的木雕、石雕、砖雕等对建筑进行装饰，庭院被四周建筑围合，有廊、有柱（见图5-180）。在庭院中可以欣赏到建筑之美，平视可以看到四周的建筑装饰，抬头可以看到马头墙和蓝蓝的天空，这也是古民居中朴素实用的价值观的体现。在院落之间的墙体之上还有漏窗，形式精美，可以延伸视线，增加观赏效果。如图5-181至图5-183所示。

[1] 张耀．“千柱落地”德润堂[N]．东阳日报，2014-12-9(6).

图 5-179　德润堂文保碑

图 5-180　庭院

图 5-181　马头墙

图 5-182　漏窗

图 5-183　石雕

小小天井之中，也有小水池和景石。如图 5-184 所示。

图 5-184　天井小院

二、庆元达德堂庭院

达德堂系吴文奎建于清朝同治九年（1870 年），堂内有“达德堂”三字匾额，其意是要追求高尚的品行和德操。该民居建筑既有传统的建筑风格，也有江南民居的特征，雕刻图案精美，花纹具有一定的象征意义。庭院与其他处庭院有所区别，庭院当中铺装路面可供通行，两侧作为蓄水排水之处，与别处的四周排水式庭院明显不同。古民居庭院中铺装和排水的做法在不同地区有一定的区别。如图 5-185、图 5-186 所示。

图 5-185　庆元达德堂庭院

图 5-186　石雕门楼

三、松阳石仓乡土建筑庭院

松阳石仓乡土建筑庭院是松阳石仓乡土建筑群中的一处民宅，因其庭院在铺装和排水上有所不同，故列入其中进行介绍。庭院采用卵石铺地，和其他建筑庭院用块石铺地不同。如图 5-187、图 5-188 所示。

图 5-187　石仓乡土建筑

图 5-188　天井庭院

四、松阳太仓聚德堂庭院

松阳太仓聚德堂庭院在铺地上已经有图案纹样设计，并且在院中有盆景架。如图 5-189、图 5-190 所示。

图 5-189　聚德堂庭院铺装

图 5-190　植物盆景

五、东阳李品芳故居庭院

李品芳故居建在城东花园里 4 号，现为东阳市重点文物保护单位。该庭院相对较为普通，仅作为对比，以显示古民居庭院的差别。但是，该民居的建筑木雕装饰确实十分精美，牛腿、雀替、梁柱等都雕刻着历史故事、花鸟虫鱼等，具有一定的艺术欣赏价值。如图 5-191、图 5-192 所示。

图 5-191　庭院植物

图 5-192　李品芳故居木雕

六、上虞胡愈之故居庭院

胡愈之故居始建于清朝乾隆年间，是浙江省文物保护单位，位于上虞古城丰惠镇，庭院方正，是一座江南台门大院，建筑整体宽敞宏亮，气势不凡。庭院中石板铺地，中间通道明显高于两侧铺地，种有桂花、铁树等植物。如图 5-193、图 5-194 所示。

图 5-193　胡愈之故居庭院雕塑

图 5-194　桂花

七、义乌市大房厅庭院（陶店何氏民居群）

继善堂俗称大份里或大房厅，位于义乌市廿三里陶店村，在慎修堂西侧，和慎修堂之间有火巷相隔，建于清朝道光二十二年（1842 年）。建筑分三进三开间左右厢房，占地面积为 1076 平方米，由二进四合式院落组成。该民居庭院采用卵石铺地，有简单的图案；排水系统完善；围合的建筑、门窗等木雕雕刻有少数保留，修复的较多，但依然雕刻精美。如图 5-195、图 5-196 所示。

图 5-195　大房厅庭院

图 5-196　民居庭院局部

八、萧山朱凤标故居庭院

朱凤标故居位于萧山，俗称榜眼墙门，东西各三进，单体建筑砖、木雕刻精细。该建筑后期经过修缮，依然保留原有的建筑格局。庭院中石板铺地，设有水缸，并种植荷花等；围墙保留原有的花窗；砖雕门楼保留相对较好，雕刻精致。如图 5–197 至图 5–199 所示。

图 5–197　朱凤标故居庭院

图 5–198　漏窗

图 5-199　砖雕门楼

后 记

近年来，私家园林的造园艺术得到众多学者和园林爱好者的喜爱。通过不断前往江浙等地著名私家园林考察研究之后，我对中国古典园林的造园艺术感触颇深。把现代园林和古典园林对比之后就可以发现，虽然现代也不乏优美的园林，但古典园林之中的造园意境着实不是现代园林可以轻易超越的。古典园林在地形塑造、空间分隔、植物配置、建筑营造、假山堆叠等方面都展现了高超的技艺和营造手法，其中的文化内涵也深深吸引着我，这也正是我撰写本书的出发点和落脚点。

专家学者对庭院有不同理解，也有不同的定义，我理解为只要是居住建筑周围的空间都可以算作庭院，本书也是基于这样一个观点来进行编写的。我在考察传统村落古民居时，看到很多比较简单的庭院，没有花草树木和亭台楼阁，只有雕梁画栋、白墙青瓦、精美壁画和铺地，从中能让人感受到庭院的实用性和艺术性，因此也把这部分写入本书。

在本书的撰写过程当中，得到了各位领导、同事、朋友的帮助、支持和鼓励，在此表示感谢。尤其感谢浙江广厦建设职业技术学院艺术学院副院长张伟孝，在前期的调研、文章的结构等方面给予我非常多的指导和建议；感谢艺术学院吴璐璐副教授对本书撰写的大力支持和帮助；感谢吕国喜老师在文字编撰技巧方面的指导；感谢本次著书过程中的其他同事和朋友；感谢艺术学院院长王晓平院长在工作上的关怀和帮助。同时，感谢家人的大力支持，感谢浙江广厦建设职业技术学院和出版社领导的大力支持以及责编的辛劳。非常感谢大家！

由于时间仓促，《庭院造园艺术——浙江传统民居》这本书在匆忙之中定稿了，书中难免存在不当之处，敬请大家批评指正。

张永玉

2019 年 8 月 22 日于东阳